Broderie
Haute Couture

Broderie
Haute Couture

Broderie
Haute Couture

Broderie
Haute Couture

高級訂製  珠繡飾品の

Broderie Haute Couture

第一本手繡入門書

BOUTIQUE-SHA◎授權

在法國巴黎時裝週上，各家高級品牌展出的高訂禮服都極其絕美。

這些禮服上的珠子、亮片、緞帶、飾帶等，

都是透過歷史悠久的刺繡工房技法一針一線施加而成。

在日本，將製作高級訂製禮服的刺繡技法稱之為「Haute Couture刺繡」。

Haute Couture刺繡可概分為兩類，

其一是看著布的表面入針刺繡的技法，

另一類則是看著布的背面以極細鉤針刺繡。

為了使任何人皆能快速上手，讓手製飾品成為簡單愉快的日常興趣，

本書將聚焦於使用圓繡框×手縫刺繡針製作的飾品＆技巧。

並邀請六名藝術家，

以充滿魅力的Haute Couture刺繡技法，提出充滿個性的創作。

你也試著動手製作優雅又美麗時髦的飾品，

享受配戴在身上時的由衷喜悅吧！

目錄

Créatrices en Broderie Haute Couture
—藝術家介紹—

飾品設計師
A.I.bijoux
岩井步　Ayumi Iwai
結合雕金＆刺繡兩種傳統技法，創設A.I.bijoux品牌作品。繼習得雕金工藝後，遠赴法國研修Haute Couture（Lunéville）刺繡，並取得法國國家證照（CAP）。返回日本後，創立品牌並以百貨商場為主要展店目標。推出的飾品不僅可以令人感受到手作小物的溫暖，也很契合現代成年人的時髦感。
http://aibijouxbroderie.com
Instagram @a.i.bijoux

Embroidery Artist
Cotoha　小川千繪　Chie Ogawa
曾擔任成衣製造業企劃，而後前往倫敦深造設計，學習法國Haute Couture刺繡技法「Lunéville」。2014年，在女兒一歲生日時創立品牌「Cotoha」，以繡製動物的形體、花色、紋路為主要創作特色，表現出溫暖氛圍，為日常打扮增添裝飾。
https://cotoha.official.ec/

刺繡作家
Jeunet
自1999年起，於東京都內Haute Couture珠繡教室學習手工刺繡與Aari Work（印度串珠刺繡）。2003年進入開辦刺繡教室的社團，經營教室並擔任講師，直到2015年2月退出社團。現今創設Haute Couture刺繡教室「Jeunesse」，教授以Aari Work為主的刺繡，受眾多海內外學生的喜愛。
部落格 http://jeunet8embroidery.blog.fc2.com/
Email jeunesse @ jeunet.jp
Instagram @ jeunet.88

刺繡藝術家
Masumi Date　伊達真澄
曾親赴法國學習Haute Couture刺繡。在巴黎的刺繡工房Lesage進修各種專門課程，且掌握了數門Haute Couture刺繡技術後，返回日本開始投入創作，現今在港區開辦刺繡教室La maison du Chat-qui-coud。
教室所在地 東京都港區港南
（最近車站為品川站或天王洲アイル站）
http://www.chat-qui-coud.com

藝術刺繡作家・講師
Etsuko Narita　成田悅子
由於父親是特殊皮革包工匠，自幼就耳濡目染地親近高難度工藝技術。2009年至法國Ecole Lesage學習藝術刺繡，在Lunéville刺繡學院習得不外傳的技法Point de Lunéville。獲得日本比賽獎項無數，並受邀參加法國藝術刺繡展覽會Talents2017。
http://cafecompletecco.web.fc2.com
Instagram @ brodeuse_etsuko

刺繡作家
Sirène　古谷香世子　Kayoko Furuya
在結束美甲工作室的經營後，前往巴黎Ecole Lesage留學。返回日本後，在Haute Couture刺繡的專門工房工作，製作舞台服裝＆藝術家的走秀服裝。2016年創立以Lunéville技法為主的Haute Couture刺繡教室，2017年創立飾品品牌並在都內百貨公司舉辦活動，同時也承接國內外的服裝製作。
http://www.sirene-broderie.com
Email sirene @ sirene-broderie.com
Instagram @ sirene_broderie

圓 －rond－

手鍊・夾式耳環・項鍊 > *P.* 49

將水鑽、亮片、金屬絲管、串珠，
隨性地結合出小巧精美的飾品。
即使成套配戴，
也能呈顯出討喜的精緻感。

波浪邊 －jabot－

耳針式耳環・戒指・項鍊 ❯ *P*.50

繡成鱗片狀的亮片，靜止時也閃耀生輝，
緊密且鼓起的串珠則營造出立體感，
是想增添可愛魅力時的推薦單品。

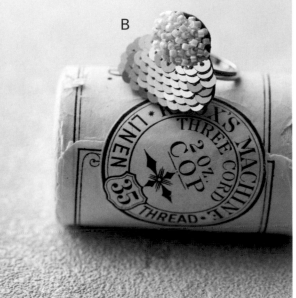

B

A

B

C

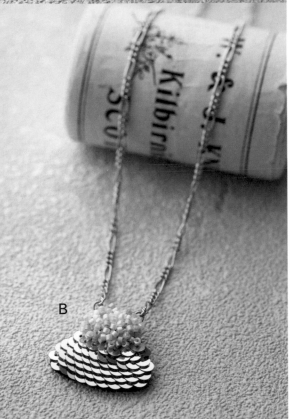

B

貝殼 −coquillage −

胸針・戒指 > *P.* 51

造型如貝殼般的作品。
以亮片的背面為正面，並排疊繡成鱗片狀，
再以細緻的刺繡技法止縫固定金線。
七彩的閃耀光澤令人一見難忘。

A

B

C

翅膀 – aile –

耳針式耳環 ‧ 手鍊 ＞ 𝒫. 52

小小的翅膀，
是取兩條細長緞帶
反覆摺疊＆止縫摺邊繡製而成。
成品彷彿在春風中起舞的羽翼般，
必會成為你鍾愛的搭配飾品。

花瓣 −petal−

胸針 > *P.*53

取兩段淺莫蘭迪色系的緞帶
反覆摺疊止縫，
並縫上珍珠、串珠、亮片提升質感分量，
完成為領口胸襟增添典雅亮點的花瓣胸針。

緞帶花 —fleurs en ruban—

胸針 > 𝒫.58

挑選歐根紗緞帶、絲綢緞帶，
進行簡單的直線繡，
即可表現出可愛感的花朵。

淑女之花
−fleur pour la jeune fille−
胸針 > 𝒫. 60

贈與大人女子的優雅胸針。
以重疊的亮片表現出純白花瓣，
搭配水鑽與黑珍珠作為花蕊，
在絕妙的整體平衡中，予人典雅的氣質。

欣賞作品

A

B

心心相印
−paire de petits cœurs−

徽章別針 > 𝒫. 61

成對的愛心別針。
除了法國結粒繡，
還添加了串珠與亮片，
鑲邊的金色串珠，
是以兩顆為單位連續縫上。

三色菫的細語
－murmure des pensées－

耳針式耳環·戒指 > 𝒫.55

取三色菫之形，添飾上寶石質感的作品。
調和精品格調的用色，縫上串珠、疊繡亮片，
就能作出美輪美奐的飾品。

欣賞作品

A

B

時尚風格的葉片

−Deux feuilles élégantes −

胸針 > 𝒫 56

使用繡線&緞帶以直線繡填繡，
與以金屬緞帶包圍緞面繡的葉片胸針。
兩款設計都很推薦男士配戴使用。

B

A

時髦的迷彩愛心

— cœurs de couleur vive —

胸針 · 耳針式耳環 > P. 54

填滿密集的法國結粒繡，作出簡潔又有個性的迷彩圖案。
選用經典綠色及可愛的粉紅色，心形也可以很時髦！

金色斑紋 & 咖啡虎斑的貓咪
－Gold-buchi Cat & Cha-tora Cat－
胸針 > P. 62

以略粗的5號珍珠棉線與串珠
繡製出貓咪的花紋。
似乎每天都會想戴它出門呢！

被作成飾品的貓頭鷹
－Pearl Owl －

胸針 > *P.* 64

以長短針繡法
表現出疏密錯落的層次，
使貓頭鷹羽毛極為生動自然。
加上大顆珍珠點綴後，
搭配休閒打扮也能增添時髦度！

冬季天鵝
－Black & White Swan －

胸針 > *P.* 65

巧妙運用大小亮片，
堆疊出彷彿即將振翅飛翔的鳥羽。
可在此作品中，
體會到結合線繡×珠繡的表現變化。

黑色&米黃色橢圓
−Black & Beige Oval Pearl −

夾式耳環·髮夾 > *P.* 66

內側隨意填滿串珠，
再以捲線繡圍邊的設計。
可見簡單的圖案經技巧變化，
也能創造出獨特的作品。

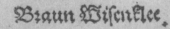

冠羽
— Spring Bird's Crest —

夾式耳環・手鍊 > *P.* 67

緊密填繡的大顆粒法國結粒繡，
厚實了作品的立體度。
與茶綠色搭配的白色＆銀色亮片，
則柔和整體色彩，帶來輕盈之感。

春風「蝴蝶＆葉子」

－Brise printanière "Papillon et feuille"－

胸針 ➤ *P.*68

於葉子中央組合交疊的串珠與亮片，
是高低錯落的立體感刺繡。
蝴蝶翅膀則是白色＆金色亮片的連續繡。
兩件作品皆以淡雅色澤，
傳遞著春天的氛圍。

流星的贈禮
−Éclat d'étoile filante −

胸針・耳針式耳環・小墜飾・戒指 > 𝒫.69

無論是以珠串填繡星星（上圖），
或以管珠鉤勒星星輪廓，
再於內側繡上亮片描繪星光綻放之感（右下圖），
皆能為日常加添一道迷人光芒。

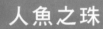

人魚之珠
—Bijoux de Sirène—

髮夾・耳針式耳環 ＞ *P.* 71

髮夾款的放射狀珠飾，
是將串珠一粒接一粒地直線穿縫固定在緞帶上。
耳環款，則是沿著小幅度的圓形輪廓，
進行1針目繡上數個亮片與串珠的組合繡。
兩件設計皆極能彰顯純潔柔美的氣質。

華麗的吊燈

-Beau Chandelier-

耳針式耳環 > *P.*72

在作為基底的絨面皮革上
繡製歐式水晶吊燈的圖案。
背底側鋪滿的亮片，
更為耳環增添奢華感。
是個正反兩面都無懈可擊的作品。

白色幸運草
—Trèfle blanc—

帽針・頸鍊 > *P.* 73

水鑽的光彩×珍珠的典雅
揉合出獨特的氛圍。
兩款皆以連續刺繡的技巧製作而成。
帽針款的樣式,是從令男性也想配戴的角度變化創作。

百合徽章

— Fleur de lis —

小墜飾 〉 𝒫.74

兼具高雅與英挺氣質的徽章。
在連續刺繡的串珠之上，
再疊繡上第二層串珠創造立體層次，
中央則以金屬絲管填繡大區塊面積。

A

B

B

A

鮮艷的色彩
—Couleurs vives—

胸針・髮夾 > *P.* 75

挑選色彩鮮艷的繡線，
以法國結粒繡、德國結粒繡填滿表面，
再於間隙處加入亮片與串珠，
提亮質感＆華麗度。

B

A

鮮艷的色彩
—Couleurs vives—

胸針・髮夾 > *P.*75

挑選色彩鮮艷的繡線，
以法國結粒繡、德國結粒繡填滿表面，
再於間隙處加入亮片與串珠，
提亮質感＆華麗度。

B

A

鮮艷的色彩
—Couleurs vives—

胸針・髮夾 > *P.*75

挑選色彩鮮艷的繡線，
以法國結粒繡、德國結粒繡填滿表面，
再於間隙處加入亮片與串珠，
提亮質感＆華麗度。

鮮艷的色彩
—Couleurs vives—

胸針・髮夾 > *P.*75

挑選色彩鮮艷的繡線，
以法國結粒繡、德國結粒繡填滿表面，
再於間隙處加入亮片與串珠，
提亮質感＆華麗度。

B

A

鮮艷的色彩
—Couleurs vives—

胸針・髮夾 > *P.*75

挑選色彩鮮艷的繡線，
以法國結粒繡、德國結粒繡填滿表面，
再於間隙處加入亮片與串珠，
提亮質感＆華麗度。

B

A

鮮艷的色彩
—Couleurs vives—

胸針・髮夾 > *P.*75

挑選色彩鮮艷的繡線，
以法國結粒繡、德國結粒繡填滿表面，
再於間隙處加入亮片與串珠，
提亮質感＆華麗度。

B

A

鮮艷的色彩
—Couleurs vives—

胸針・髮夾 > *P.*75

挑選色彩鮮艷的繡線，
以法國結粒繡、德國結粒繡填滿表面，
再於間隙處加入亮片與串珠，
提亮質感＆華麗度。

A

C

B

D

緞帶 & 愛心
— Ruban / cœur —

胸針 > *P.* 75・77

結合女性喜歡的緞帶與愛心為主題。
從基本的連續刺繡到以金屬絲管固定亮片，
匯集了立體珠繡的造型技巧。
是融合巧思與設計功力的精心之作。

四瓣花
― Quatre pétales ―

胸針 ▸ *P.* 78

以經典黑白色調為基礎，搭配銀色・金色鑲邊。
花瓣以縱向串穿的角珠並排填繡，
水鑽周圍則縫上珍珠。
是華貴大器又兼具女性美的推薦逸品。

橢圓形的鑽石
−Diamant elliptique−

項鍊 > *P.* 79

一個就能成為重點的大墜飾項鍊。
在粉紅色&水藍色長短針繡
鋪陳出的可愛氛圍之上，
點綴方形水鑽與亮片的光澤，
為作品提升了加倍吸引人的存在感。

A

B

方正的光輝
–Éclat carré–

夾式耳環 > *P.* 80

交錯配置珍珠、水鑽、金屬絲管，
在簡單的方寸之間，構築出極具魅力的設計。

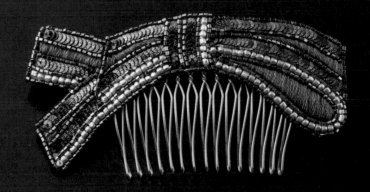

A

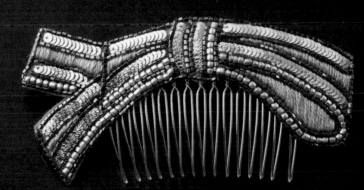

B

C

條紋蝴蝶結
-Stripe ruban-

髮插 > *P.* 81

取串珠、亮片、切面珍珠
連續刺繡，
並以繡線進行緞面繡。
運用兩種技法
即可完成優雅的髮插。

圓形花朵
— Fleur rond —

胸針 > *P.* 82

金・銀花朵中，
各以小水鑽點綴色彩。
不留間隙連續刺繡的串珠＆亮片，
成品之美更是令人讚嘆。

A

B

Haute Couture刺繡的材料＆工具

| 亮片・串珠 |

在此將從Haute Couture刺繡的眾多材料中，重點挑選高使用率的素材們進行介紹。亮片選擇Paillette圓平型與Cuvette龜甲型，以及Soleil放射花紋的樣式。串珠則從1.3至2.5mm的尺寸，及具有設計感的造型大珍珠＆水鑽皆有列舉。請搭配想製作的作品，挑選素材種類、大小與顏色。

【 中孔穿線亮片（HC104至HC115） 】

＊（ ）內為商品編號

色號	#100	#101L	#101	#110	#200	#220	#4501	#7001	#7070	#3070
龜甲4mm										
龜甲5mm										
圓平4mm										
圓平5mm										

【 Soleil放射花紋亮片（HC123至HC125） 】 ＊（ ）內為商品編號

色號	#100	#101	#112
3mm			
4mm			
5mm			

【 珍珠・水鑽・其他 】

❶❷❸ 圓滑直孔珍珠 5・4・3mm　❹ 高級彩色珍珠 8mm
❺ DiamonDuo 菱形雙孔珠 5×8mm　❻ Lacquer 亮漆珍珠 2mm
❼ 爪鑽＆水鑽 3至6mm　❽ Metallic 金屬色珍珠 2mm

【 串珠 】

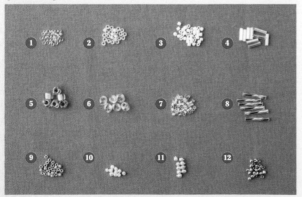

❶ 丸特小 約1.5 mm　❷ 丸小 約2 mm　❸ 3cut 角珠約1.5 至 2.2 mm　❹ 管珠 3 mm　❺ 三角珠 2.5 至 5 mm　❻ 勾玉 約 4 mm　❼ 六角特小 約1.5 mm　❽ 螺旋管珠 約 12 mm　❾ DB 古董珠 1.3 至 1.6 mm　❿ 3cut 珍珠 2 至 2.3mm　⓫ 火拋光珍珠 2 mm　⓬ Precious 串珠（3cut）2 至 2.2 mm

| 五金配件 | 製作飾品的五金配件。

❶ 鍊條　❷ 附台座胸針　❸ 髮夾　❹ 帽針　❺ 夾式耳環
❻ 髮插　❼ 耳針式耳環　❽ 連接飾片　❾ 胸針

繡框 因Haute Couture刺繡需以雙手相輔進行，推薦選擇可固定於桌邊的繡框。
但若僅製作小尺寸作品，使用一般的刺繡繡框亦可。

【 桌邊固定型 】

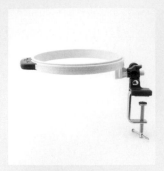 

Clover
旋轉支架繡框18cm

360度自由手動翻轉的塑膠製繡框。可
隨時翻至圖案背面，收線＆確認刺繡狀
態都很方便。繡布的固定度也相當優
秀。

MIYUKI
繡框21cm

簡單的組合式木框，可固定於3.5cm厚
度以內的板面。高度升降範圍為10至
24cm。

【 手持型 】

Clover
木製繡框
18至10cm

Clover
繽紛色彩刺繡框
15至10cm

調整螺絲鎖頭就能牢牢固定布料，將繡布繃得很漂亮。除了木製框之外，
也有色彩繽紛的塑膠框，可挑選自己喜歡的顏色。

裝飾線 緊接在亮片和串珠之後，必不可少的就是裝飾線。從質材及色彩皆豐富的DMC繡線，
到金屬線製成的線圈狀金屬絲管、種類豐富的緞帶、中央內凹的金屬緞帶、由數股線撚合的金線等，
皆是Haute Couture刺繡中極為珍要的素材。

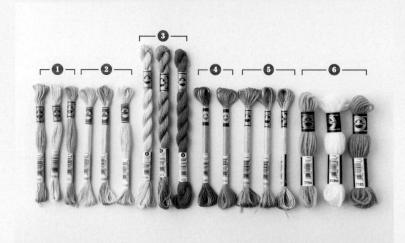

MIYUKI　方角金屬絲管　共2色

以金屬製的細線捲繞製作，呈線圈（彈簧）狀。

DMC繡線

❶ 25號繡線　最高級的100%埃及棉線。顏色多達五百種，光澤閃耀度佳，改變取用的股數，就
　能繡出顏色的深淺變化。
❷ 段染線　100%埃及棉線。透過特殊加工，形成微妙的漸層色彩變化。
❸ 5號繡線（珍珠棉線）　具光澤感，呈絞紗狀的100%棉線。帶有如珍珠般，美不勝收的光澤。
❹ 人造絲線　100%嫘縈線。擁有宛如絲綢的光澤，穿過布時也很平滑順暢。
❺ 金蔥十字繡線　閃閃發亮的100%聚酯纖維線。金屬感的反射光澤相當美麗。
❻ 羊毛繡線　毛毯質感的深色調為其特徵，是以100%純羊毛製成。

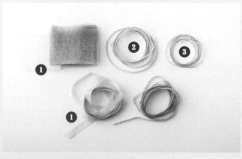

❶ 緞帶　❷ 金屬緞帶　❸ 金線

止縫固定線

止縫固定亮片、串珠、裝飾線的縫線。可搭配想製作的作品、素材、顏色與用途來挑選。

MIYUKI
串珠繡線
共29色。具緊繃感，強度韌性佳。

MIYUKI
金屬繡線
共4色。蒸鍍純銀的金線和銀線。也可作為裝飾線使用。

Clover
金銀串珠繡線
細且柔軟的線。

❶ GUTERMANN
❷ Fil a gant
❸ 縫紉線（60號）

針

能否順利運針是選針的首要重點。請挑選與線、布、素材契合且易用的針。

【 珠繡用 】

MIYUKI
串珠針
（K4566,K2377）
珠繡針
（K5481）

Clover
珠繡針
「絆」薄布用 | 短針9
普通針5

【 刺繡 & 緞帶繡用 】

Clover
法國刺繡針 | 7至10號
3至9號
緞帶刺繡針（粗）

布

本書作品的表布皆使用歐根紗，裡布則推薦使用容易穿針的合成皮革或不織布。

歐根紗（黑・白）

❶ 合成皮革 ❷ 不織布（厚）

MIYUKI
珠繡裡布組（HC200） 共5色

方便的工具

此區為從描圖到製作飾品的基本必備用品。

❶ 描圖紙 ❷ 中性筆 ❸ 白色膠墨筆

❶ 剪刀 ❷ 斜嘴鉗 ❸ 圓嘴鉗 ❹ 平嘴鉗

❶ 待針 ❷ 雙面膠帶 ❸ 棉布條 ❹ 金屬用黏著劑 ❺ 布用黏著劑 ❻ 防綻液

不同針款
可穿線的股數

法國刺繡針3號
▶25號繡線 6股
5號珍珠棉線
羊毛繡線 各1股

法國刺繡針6至7號
▶25號繡線 3股
法國刺繡針8至10號
▶25號繡線 1股

Haute Couture刺繡的基本技巧

刺 繡 前 的 準 備

旋轉繡框的設置&歐根紗的繃布

① 將旋轉繡框固定在桌上。

② 放上歐根紗,再套上外框。

③ 旋緊螺絲稍作固定。

④ 兩手拉動歐根紗布邊,均勻調整並拉平布面。

⑤ 確認歐根紗是否繃緊。

⑥ 以手指按壓測試,若歐根紗下沉就應重新調整。

⑦ 最後旋緊螺絲,牢牢固定。

> **POINT**
>
> 若布目鬆弛,就算製作到一半仍要重新繃緊歐根紗。

以棉布條纏捲木製繡框的外框(止滑)

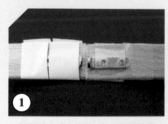

① 在外框接合處兩端各貼上雙面膠帶,先撕去一端的膠紙。

② 將棉布條打斜貼在雙面膠上。

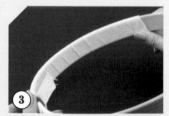

③ 緊密對接布邊,一圈一圈纏捲外框。

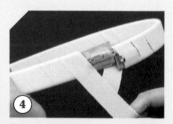

④ 撕下另一端的膠紙,將棉布條纏捲至最後。

⑤ 在繞完的棉布條外側黏貼雙面膠帶。

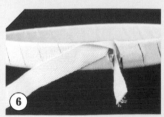

⑥ 撕去膠紙,將黏膠側摺向繡框貼上。

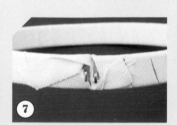

⑦ 剪去多餘的棉布條。

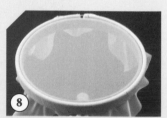

⑧ 將歐根紗平放在木製繡框的內框上,再套上外框夾住。同旋轉繡框作法,旋轉螺絲繃緊歐根紗。

複寫圖案

歐根紗固定在繡框上後，就來準備圖案吧！

① 將描圖紙放在圖案上，進行描畫。

② 歐根紗放在畫好的圖案上，以待針固定。

③ 以筆描摹圖案線條。在底下放上串珠托盤等硬物，更方便描摹。

線 的 準 備

＊縫亮片＆串珠的取線長度：穿串珠＆珍珠等珠子時，剪2股70至80cm的線一起穿針；縫繡亮片時，剪1股40至50cm的線穿針。

起 繡 的 處 理
（打線結）

線穿過針孔後，在線尾打個結。

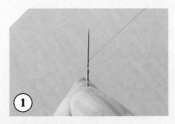

① 線繞針兩圈。

② 以手指按住捲好的線圈。

③ 拔針。

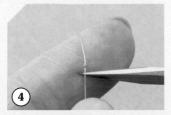

④ 線結完成。保留距線結約2mm長的線頭，其餘剪掉。

點 針 繡

Petit Point，縫小小1針之意。可將線結加固在歐根紗上，避免繡線穿透脫落，在刺繡的開始＆結束都必定會縫2針。

掃描QR碼
看影片示範

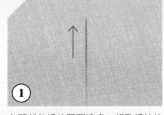

① 在距離起繡位置不遠處，朝歐根紗的正面出針。

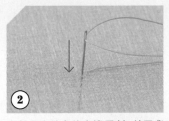

② 立刻在出針處的旁邊回刺1針至背面。轉換運針方向重複步驟①至②。

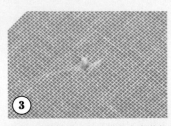

③ 重疊2針點針繡（使針目呈十字狀）後，針移至圖案的起繡位置開始刺繡。

POINT

要在距離稍遠處繡亮片＆串珠時，不需剪線，可以點針繡運針至下一針的位置。刺出的針目不應影響作品正面表現，請確認圖案後再移動。

刺 繡 結 束 的 處 理
（打線結）

刺繡結束（點針繡後），一定要打線結。

掃描QR碼
看影片示範

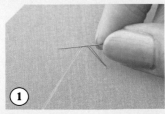

① 將旋轉繡框翻面，在歐根紗背面把線掛在針上。

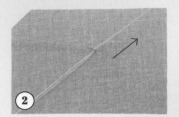

② 使線在出針處呈交叉狀。

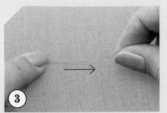

③ 按住出針處，拉線。

④ 再重複一次步驟①至③，完成線結。

POINT

刺繡結束後，請進行點針繡＆打線結完成最後的收線。繡上的亮片＆串珠是否會鬆脫滑落，這個收線的步驟至關重要！

Haute Couture刺繡的技巧

＊出入針應隨時保持與歐根紗垂直。
＊[ ]內是Haute Couture刺繡工房使用的技法名稱。

單片 亮片連續繡

沿圖案輪廓線或長線條縫繡＆填滿面積時，此技巧極為實用且重要。

掃描QR碼
看影片示範

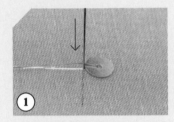

① 針線從亮片背面穿過中孔後，在亮片邊緣刺入，朝歐根紗背面出針。

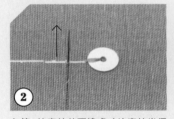

② 在第1片亮片的不遠處（比亮片半徑短一點），朝歐根紗表面出針。

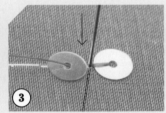

③ 針線從第2片亮片正面穿過中孔，在第1片亮片的邊緣入針。

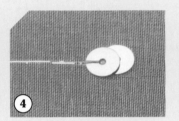

④ 拉線，使第2片亮片正面朝上倒下。

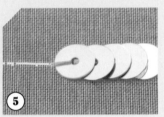

⑤ 重複步驟②至④。

圓環形 亮片連續繡

① 針在第1片亮片下方的歐根紗正面出針，穿過最後的亮片後，往歐根紗背面出針。

② 使最後片疊在第1片亮片底下，完成！

魚鱗狀 亮片連續繡 [Point d'écaille]

在2條圖案線之間Z字形運針。

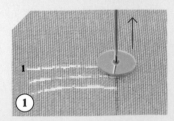

① 沿第1條圖案線從歐根紗正面出針，從亮片背面穿過中孔。

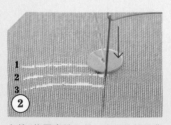

② 在第2條圖案線入針，穿至歐根紗背面。

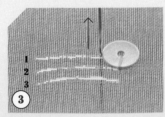

③ 在第1條圖案線上的第1片亮片邊緣，朝歐根紗正面出針。

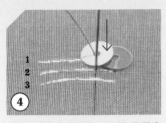
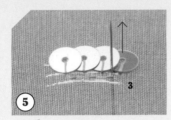

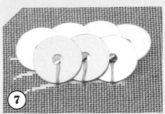

④ 從亮片背面穿過中孔，在第2條圖案線上入針，從歐根紗背面出針。重複步驟②至④。

⑤ 在第2、3條圖案線之間進行點針繡回到最右邊，從兩片亮片交接處的歐根紗正面出針。

⑥ 穿過亮片後在第3條圖案線入針，從歐根紗背面出針。

⑦ 重複步驟②至⑥。

單珠 連續刺繡

想要表現鬆緩弧度的圖案，或繡至圖案邊角時，此技巧就很實用。

掃描QR碼 看影片示範

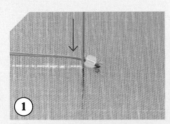
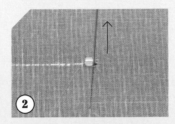
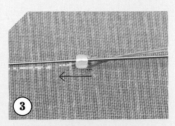

① 取一顆串珠穿線後，沿串珠邊緣入針，在歐根紗的背面出針。

② 回到起繡點，從歐根紗正面出針。

③ 針線再次穿過串珠。

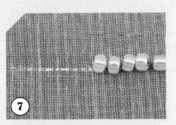

④ 沿串珠邊緣穿針至歐根紗背面後，取單顆串珠長度位置從正面出針。

⑤ 線穿過第2顆串珠。針從兩顆串珠之間刺下，從歐根紗背面出針。

⑥ 取單顆串珠長度位置，從歐根紗的正面出針。

⑦ 重複步驟④至⑥。

雙珠 連續刺繡

繡製圖案輪廓＆長直線時的必用技巧。

掃描QR碼 看影片示範

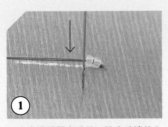
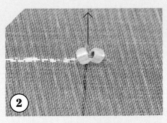
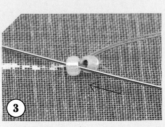

① 一次穿過兩顆串珠後，沿串珠邊緣入針，從歐根紗背面出針。

② 回針時只回一顆串珠的長度，針在第1、2顆串珠中間，從歐根紗正面出針。

③ 針線穿過第2顆串珠。

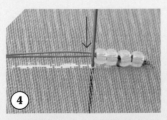
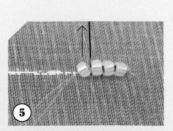
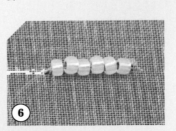

④ 穿入另兩顆串珠，沿串珠邊緣朝歐根紗背面入針。

⑤ 回針時只回一顆串珠的長度，針在第3、4顆串珠中間，從歐根紗正面出針。

⑥ 重複步驟①至⑤。

邊角的繡法

此繡法可確實表現出圖案邊角的轉折感。

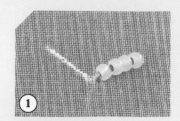

① 將串珠繡至接近邊角處。

② 以串珠a的外側邊為基準線，找出對齊下一顆串珠開孔側的起繡點，朝歐根紗的表面出針。

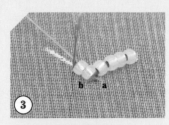

③ 將串珠b的外側邊正對串珠a的開孔，開始往另一方向刺繡。

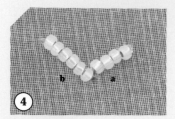

④ 串珠a・b呈直角。

雙數挑縫的珍珠・串珠止縫法

先挑縫奇數珠子，第2圈挑偶數珠子，就能完成全部的止縫固定。

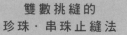

① 將指定顆數（12顆）的珍珠穿線，圍繞在水鑽旁，朝第1顆珍珠穿針。

② 沿珍珠1的邊緣，讓針從歐根紗的背面出針。

③ 在第2、3顆珍珠之間，朝歐根紗正面出針，穿過第3顆珍珠後再朝歐根紗背面出針。

④ 重複步驟②至③，皆跳過1顆珍珠再穿線。

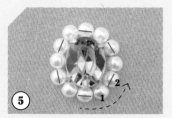

⑤ 改由珍珠2開始，依步驟②③相同作法，將先前沒穿線的珍珠穿線固定一圈。

不規則串珠填繡
【Vermicelle】

使串珠呈現各種角度與方向的不規則刺繡技巧。串珠間的縫隙會因作品而有所不同。

① 1次止縫1顆串珠。

② 串珠的方向有些一樣，有些不一樣，使串珠的排列呈現不規則狀。

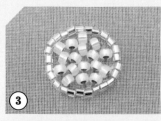

③ 有時串珠之間的縫隙會比較大，有時會比較小。

在串珠的縫隙間繡上亮片1
【Mousse】

在不規則刺繡的串珠縫隙間，立繡亮片。

掃描QR碼
看影片示範

① 針從串珠的縫隙之間，往歐根紗表面出針。

② 針線穿過亮片孔，刺入剛才的出針旁，調整至亮片立起（以針尖或錐子挑線調整皆可）。

③ 亮片呈直立的模樣。

在串珠的縫隙間
繡上亮片 2

在方向隨機但間距較大的串珠之間繡亮片，使亮片呈靠攏感。

① 串珠彼此之間約留空一顆串珠的距離，且串珠方向呈不規則狀。

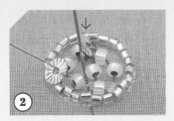

② 在間隙的中間出針穿過亮片，但往靠近串珠處入針。

③ 形成亮片靠在串珠上的模樣。

疊珠繡
[Caviar]

第一層不規則填繡串珠，第二層再逐顆地不規則繡上串珠。

掃描QR碼
看影片示範

① 在圖案區塊內，1針繡1顆串珠，無空隙地填繡。

② 從第一層的串珠之間出針，將串珠疊在上層止縫固定。

③ 第二層的串珠群不可比第一層大，並使串珠呈不同方向。

在基底上縫繡串珠
[bourrage]

可使作品呈現微立體感的技巧。先墊入基底，再鋪繡上串珠或緞帶。

以不織布作為基底

① 將不織布剪下圖案形狀，以布用黏著劑貼在串珠邊框內側。

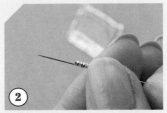

② 將針穿過剪下指定長度的方角金屬絲管，穿過針線。

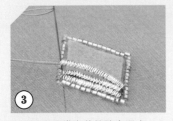

③ 在串珠與不織布的縫隙之間出、入針，使方角金屬絲管橫跨不織布，止縫固定。

④ 無空隙地填繡方角金屬絲管。

⑤ 側面呈微鼓起的立體感。

以直線繡
填繡基底

掃描QR碼
看影片示範

① 進行起繡的處理（參見P.46開始＆結束刺繡的方法）。

② 繡線在歐根紗表面，左右來回地進行直線繡。

③ 以直線繡填繡圖案面積。

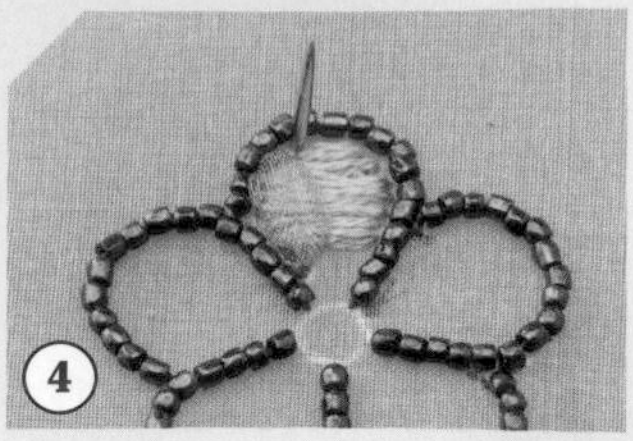

緞帶以由內往外的方向覆蓋繡面後刺入，再緊鄰入針處旁邊出針。

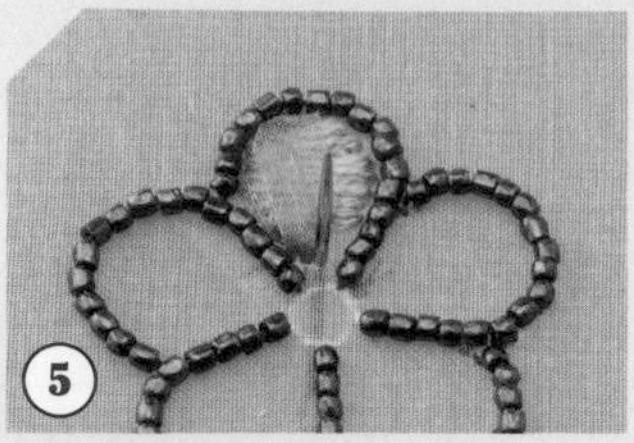

緞帶由外往內的方向覆蓋繡面後刺入，再緊鄰旁邊出針。

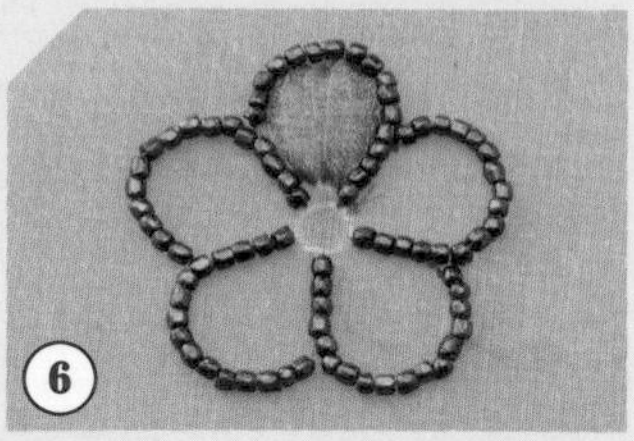

重複3至4次，以緞帶完全覆蓋直線繡。

POINT

緞帶繡的方向應與直線繡的運針方向不同。

以繡線束作為基底

POINT

準備6股長度50cm的25號繡線，對半摺。將摺線處放在串珠邊框內側2mm的位置。

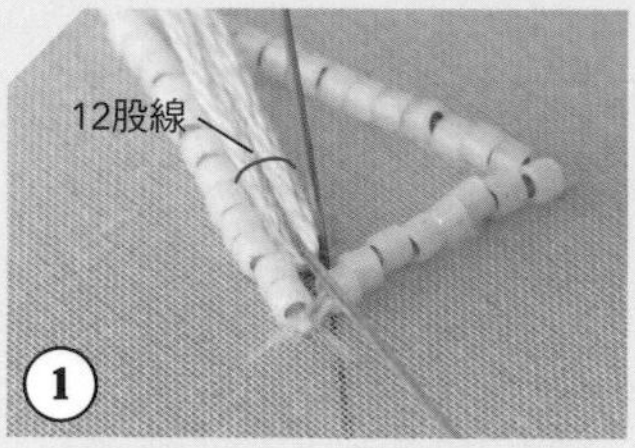

止縫固定25號繡線的摺半中央處。

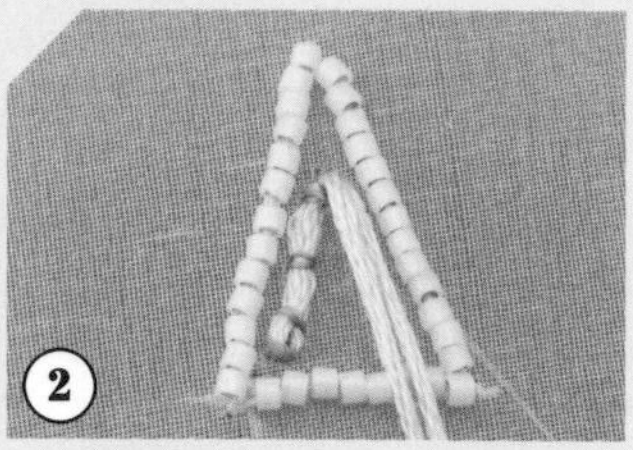

以釘線繡止縫固定（取串珠繡線2股），繡線摺彎處也以線綁細。

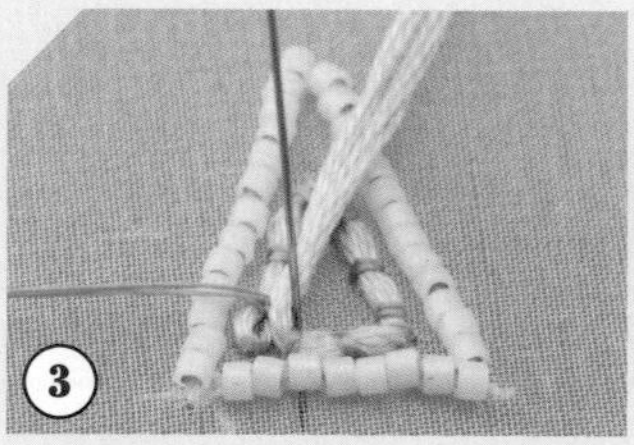

第二圈同樣以釘線繡止縫固定。

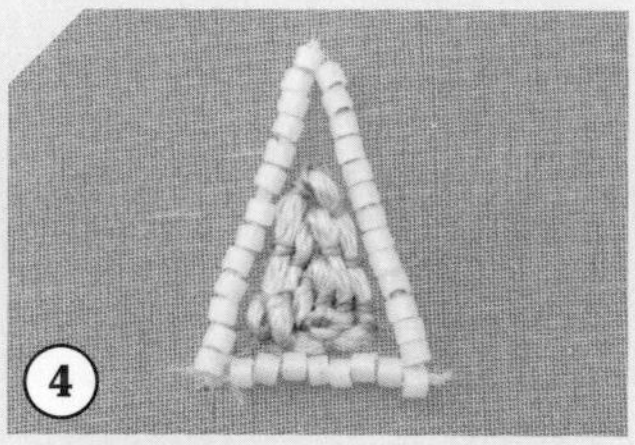

由外往內止縫固定三圈，基底完成。

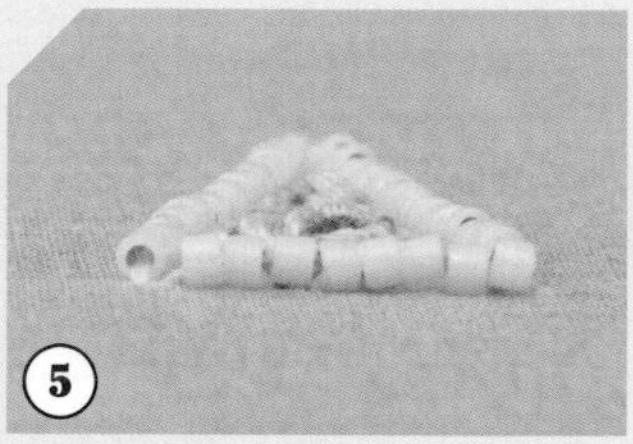

注意：止縫繡線的重點在於使基底厚度不超過串珠。

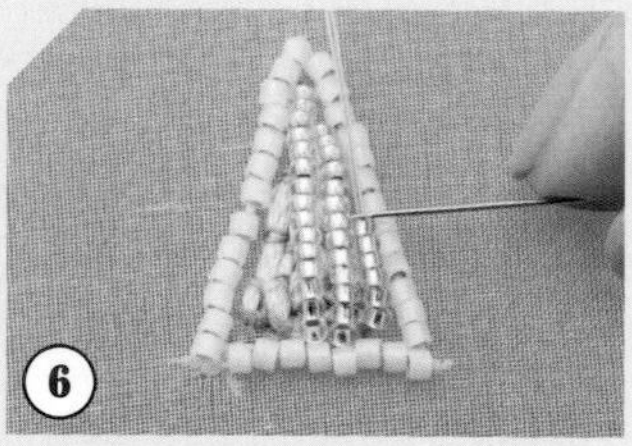

在基底上方以珠串鋪滿。請從最長的中段開始繡，並依渡線長度決定串珠顆數。

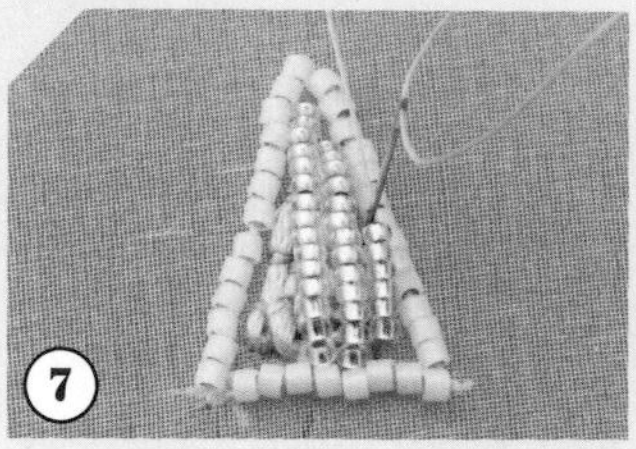

將珠串止縫在基底上。

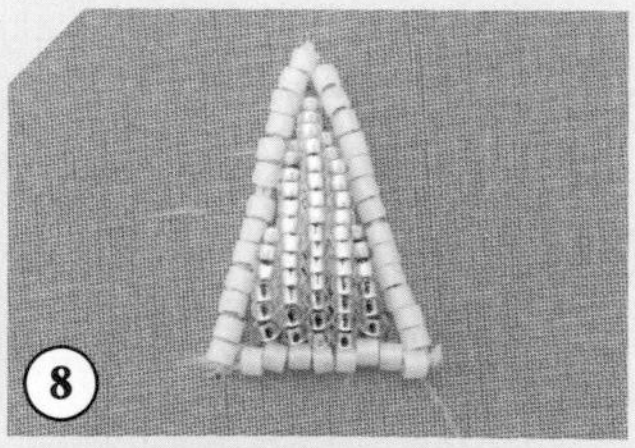

以看不見基底為目標，填滿珠珠。

方角金屬絲管的應用法

方角金屬絲管可簡單輕鬆地剪斷，請剪下指定的長度使用。

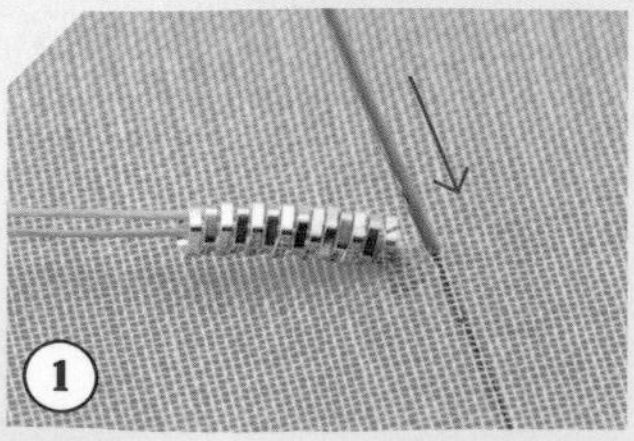

針線穿過剪下的方角金屬絲管後，針往歐根紗背面出針。

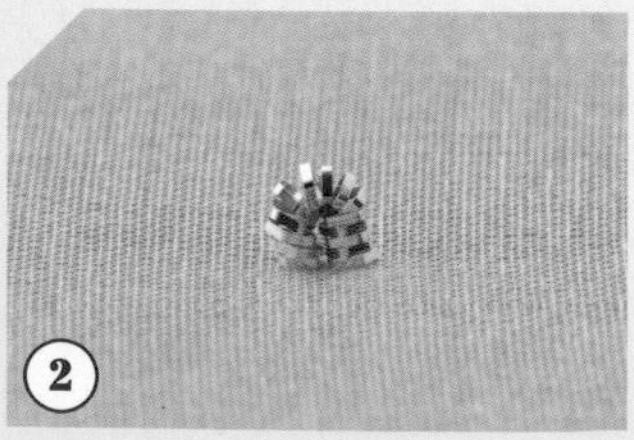

以小針目使方角金屬絲管呈圓拱形，可用於狹小細部的刺繡表現。

掃描QR碼
看影片示範

組合式繡法

匯集數顆形狀相同的串珠，或把
不同素材縫在一起的技巧。

三顆串珠

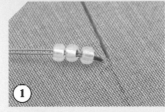

① 一次穿過三顆串珠。

② 讓兩端串珠的孔洞朝上，中央串珠的
孔洞與歐根紗平行。

在亮片上固定串珠

① 針線依序穿過亮片、串珠，再刺回亮
片的洞裡。

② 以串珠固定亮片。

止縫固定水鑽

依水鑽大小、縫孔位置不同，止
縫固定的方法與穿縫次數也有差
異。

掃描QR碼
看影片示範

一邊兩個縫孔

① 針在歐根紗表面出針，從1穿向2，
再從2的旁邊入針。

② 針在表面出針後，從3穿向4，再從4
的旁邊入針。

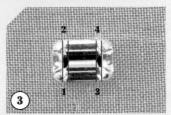

③ 重複一遍步驟①②。

一邊一個縫孔

① 針在歐根紗表面出針，從1穿向2，
再從2的旁邊入針。

② 針在表面出針後，從3穿向4，在4的
旁邊入針。

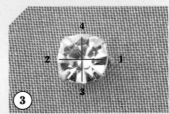

③ 完成十字形止縫固定。

裝飾線的
止縫固定方法

將金線或金屬緞帶沿圖案線止縫
固定，或以緞帶裝飾圖案內側時
使用的技巧。

止縫固定
金線

① 一手捏住靠近線端處，另一手以指腹
鬆開金線。

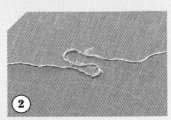

② 撥出1股金線放在歐根紗上，以釘線
繡止縫固定。

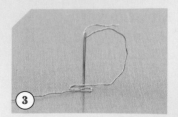

③

將金線一端穿針後往歐根紗背面出針。

④

將金線穿縫至背面時，需注意不要拉動到表面的金線，並剪去多餘的線段。

止 縫 固 定
金 屬 緞 帶

①

把一端放在圖案線上，以釘線繡止縫固定數次。

②

將金屬緞帶內側對著圖案線來放置。針從圖案線出針，往金屬緞帶中央凹陷處刺入。

③

針尖刺向金屬緞帶正下方出針。

④

使金屬緞帶外側的針目盡可能隱藏不見。

⑤

圖案的銳角轉折處請特別細心地止縫固定。

⑥

金屬緞帶兩端會合後，以釘線繡止縫固定。

⑦

塗上防綻液，靜置待乾。

⑧

確定乾固後，在釘線繡邊緣剪斷金屬緞帶。

緞 帶 繡

- - - - - - - - -

掃描QR碼
看影片示範

①

緞帶從歐根紗表面穿出後，回1針固定歐根砂背面的緞帶端。

②

針從右邊表面出針。

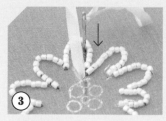

③

注意緞帶不要扭轉，往右外側進行直線繡（右邊）。

④

針從左外側的歐根紗表面出針，朝靠近自己的內側進行直線繡（左邊）。

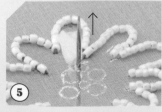

⑤

在靠近自己的內側中央處出針。

⑥

再往中央外側作直線繡。

POINT

花瓣之間若有空隙，可再作一次直線繡補滿。

⑦
刺繡結束時，也回1針固定背面的緞帶。

⑧
把旋轉繡框翻至背面，在背面的緞帶之間穿針，或從針孔旁穿針數次後剪掉多餘的緞帶。

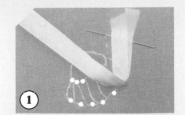

兩色緞帶的重疊繡

①
以點針繡固定後，在圖案內側出針。針穿過緞帶，再從圖案的圓點往歐根紗背面出針。

POINT

為免妨礙運針，先以針刺住固定緞帶端。

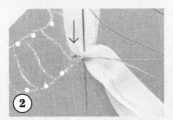

②
針從緞帶邊緣的歐根紗表面出針後，在緞帶中央以小針目止縫固定。

③
再一次朝表面出針，以釘線繡稍微收窄並固定緞帶的寬度。

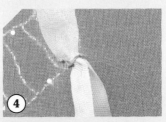

④
完成釘線繡的止縫固定。

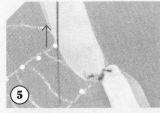

⑤
依圖示在另一側圓點處的表面出針。

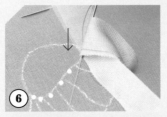

⑥
緞帶繞針摺疊後，從步驟⑤的圓點旁入針刺往背面。

⑦
調整緞帶形狀。

⑧
從摺起的緞帶邊緣朝表面出針，同步驟②以小針目止縫固定緞帶邊緣。

⑨
替換外露的緞帶的顏色。使圖案的圓點位於緞帶寬度中央。重複步驟②至⑧。

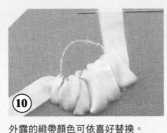

⑩
外露的緞帶顏色可依喜好替換。

⑪
將最後摺起的緞帶頭穿針後，往歐根紗背面出針，以縫線穿縫固定，剪斷多餘的緞帶。

⑫
完成。

緞帶的穿針方法

讓緞帶不會脫針的穿針方法。

掃描QR碼
看影片示範

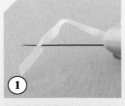

①
緞帶穿過緞帶繡針後，針尖刺入緞帶端。

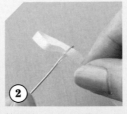

②
拉著刺入針尖的緞帶端，順著針身移至針孔處。

③
使緞帶穿過針孔、針頭，就會形成一個圓圈。

④
拉動緞帶較長的那一端縮小圓圈，完成固定。

飾品五金的安裝

刺繡主體收邊處理

將歐根紗的外緣收邊處理後，就能完成漂亮的刺繡飾品主體

掃描QR碼
看影片示範

① 在外圍預留歐根紗，先粗裁成適當的大小。

② 將外圍的歐根紗修剪成3至5mm。

③ 剪出缺口。

④ 以牙籤沾布用黏著劑，塗在外圍的歐根紗上。

⑤ 以牙籤尖端將歐根紗摺往背面貼合。

⑥ 全部摺疊貼合。

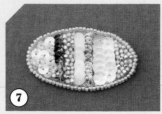

⑦ 刺繡飾品主體完成。

胸針的安裝

飾品主體的裡布主要使用合成皮革或不織布。在裡布上剪兩道切口，即可穿過五金配件。

掃描QR碼
看影片示範

① 裡布背面朝上，再放上刺繡飾品主體，決定大略的位置。

② 將胸針五金放在裡布中心偏上的位置，決定後畫出切口記號（在此使用紅筆是為了清楚示範，實際製作請以不顯眼的顏色畫記）。

③ 剪開切口。

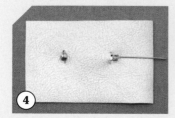

④ 將五金配件穿過切口，確認胸針可180度開啟。

⑤ 在五金配件與裡布之間塗布用黏著劑。

⑥ 在五金配件上塗金屬用黏著劑。

⑦ 貼上刺繡飾品主體。

⑧ 以布用黏著劑塗滿未貼合的縫隙。

⑨ 牢牢地貼合。

⑩ 沿著刺繡飾品主體邊緣修剪多餘的裡布。

⑪ 完成。

夾式耳環

裡布請配合夾式耳環的圓盤大小裁切。

戒指

裡布請配合戒指的戒台大小裁切。

耳針式耳環

① 將裡布以錐子刺一個讓耳環針可以通過的洞。

② 穿過耳環針。

三層式貼合

已收邊處理的刺繡主體、不織布、合成皮革，將這三層緊密貼合即可完成。

① 依刺繡主體、不織布、合成皮革的順序重疊，以黏著劑貼合後放置乾燥。

POINT
因為最後的飾品加工，是要在完成三層材質貼合的合成皮革上黏貼飾品五金，不織布請裁得比刺繡主體小2mm，合成皮革則裁得比刺繡主體大2mm。

② P.14至P.15作品皆須以毛毯繡縫合收邊（參見P.46）。

使用特殊的零組件

飾品五金的安裝，有些是直將接刺繡主體止縫固定在五金配件上，也有些是以膠貼合。

網片式胸針五金

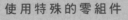

① 在刺繡主體外圍預留5mm歐根紗。

② 打線結後，沿刺繡主體邊緣半針縮縫，包收網片台座，再打線結固定。

③ 針穿過網片的孔洞，繞縫刺繡主體一圈。

④ 放在胸針托盤上，以鉗子彎摺托盤的爪扣。

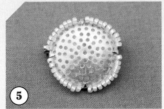

⑤ 完成。

包釦式胸針五金

① 在刺繡主體外圍預留7mm歐根紗。

② 將包釦五金塗上布用黏著劑，放上刺繡主體。

③ 打線結後，沿刺繡主體邊緣平針縮縫，包收包釦台座，再打線結固定。

④ 在胸針托盤周圍塗金屬用黏著劑。

⑤ 嵌入包釦。

⑥ 完成。

刺繡針法

【 直線繡 】

【 緞面繡 】

【 捲線繡 】

線繞針。

拉線。

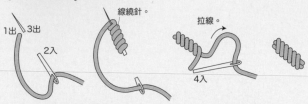

【 繞 2 圈的法國結粒繡 】

繞2圈。

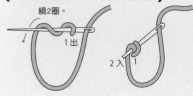

掃描QR碼
看影片示範

【 釘線繡 】

主線。

最後的刺繡
固定點。

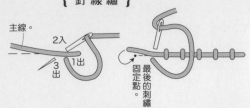

掃描QR碼
看影片示範

【 長短針繡 】

整個填滿，
不留空隙。

【 德國結粒繡 】

穿過線。

再穿過1次。

完成。

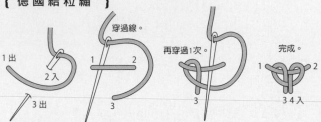

【 毛毯繡 】

以小針目固定。

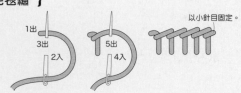

【 繞 3 圈的法國結粒繡 】

① 將線掛在針上。

② 線繞針3圈。

③ 把繞針的線靠攏，將剩下的線拉往針下方。

④ 以手指按住線。

⑤ 在鄰近處入針。

⑥ 完成1個大的法國結粒繡。

【 裂線繡 】

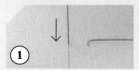

① 取2股線先打1個線結，刺入起繡點後直線縫1針。

② 完成直線繡。

③ 從直線繡的2股線之間出針。

④ 再進行1針直線繡。

⑤ 重複步驟①至④。

【 刺繡開始 & 結束的方法 】

①

②

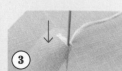

③

④

刺繡開始時，針先在表面出針，以指腹按住位於背面的線頭，進行1至2次的點針繡。線頭要放在圖案內側，再一邊刺繡將其隱藏在背線底下。

POINT
刺繡結束時，在繡好的面之中進行點針繡，在表面出針後，再將背面多餘的線剪掉。

46

小試身手 現學現作！手繡自己的第一個高級訂製珠繡飾品

從A・B作品中，挑選自己喜歡的款式製作吧！A作品可以別在喜歡的小東西上，
B作品則加裝飾品五金製成胸針。兩款設計都很優雅別緻，是女性喜愛度極高的
推薦單品。

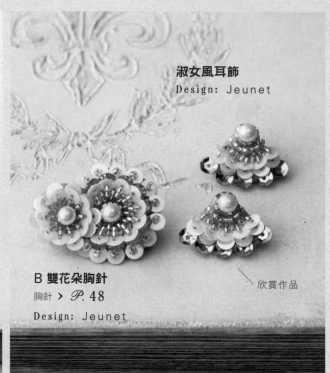

淑女風耳飾
Design：Jeunet

B 雙花朵胸針
胸針 > *P.* 48
Design：Jeunet

欣賞作品

A 圓形立體花樣刺繡
花樣刺繡 > *P.* 48
Design：MIYUKI

―― 成品尺寸 ――

掃QR碼，觀看A作品製作影片。

點開實作影片，
一起完成刺繡！

―― 準備材料 ――

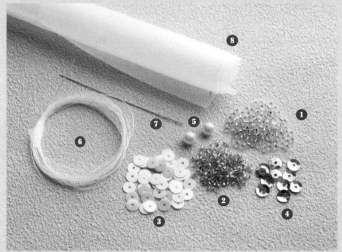

❶ 丸小玻璃珠（11/0）銀色　❷ 2cut角珠（15/0 六
角特小）金色　❸ 亮片　圓平5mm　白色　❹ 亮片
龜甲5mm　金色　❺ 珍珠　5mm　米黃色　❻ 尼龍
線（Monocord）白色　#20 ❼ 串珠針　1根
❽ 歐根紗　白色　17cm 正方形

材料提供　MIYUKI

圓形立體花樣刺繡

成品欣賞： *P.* 47
刺繡主體尺寸：直徑 2.8cm

〔A・B共通材料〕
① 丸小玻璃珠（11/0）銀色　約58顆
②2cut角珠（15/0）金色　約85顆
③ 亮片　圓平5mm　白色　約42片
④ 亮片　龜甲5mm　金色　約9片
⑤ 珍珠　5mm　米黃色　2顆
尼龍線（Monocord）白色　#20
歐根紗　白色　17cm正方形

〔作法〕
❶ 參見【刺繡圖案】，在從外數來的第二條圓圈上，以1針繡2顆的雙珠連續刺繡法〔參見圖A〕繡上②。（2股）
❷ 在步驟❶外側的圓圈上，以1針繡2顆的雙珠連續刺繡法〔參見圖A〕繡上①。（2股）
❸ 在從外數來的第三條圓圈上，連續繡上③〔參見P.36〕。（1股）
❹ 在圓圈中央止縫固定⑤〔參見圖B〕。（2股）
❺ 從圖案的點（·）出針，依④1片、②1顆、③1片、②1顆、③1片、②2顆的順序穿針，往中央珍珠方向進行組合繡〔參見圖C〕。（2股）
❻ 進行收邊處理〔參見P.44〕。

【刺繡圖案】
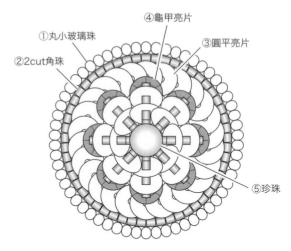

 → 參見 P.37

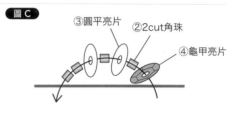

雙花朵胸針

成品欣賞： *P.* 47
刺繡主體尺寸：長 2.8× 寬 3.7cm

〔作法〕 ＊裡布用合成皮革＆胸針五金配件請自行準備。
❶ 在小圓的中心止縫固定⑤。（2股）
❷ 在步驟❶周圍，依③1片、①1顆、③1片、②2顆的順序穿針，往中心方向進行組合繡〔參見圖A〕。（2股）
❸ 在大圓圈的中央止縫固定⑤。（2股）
❹ 在步驟❸周圍，以1針繡2顆的雙珠連續刺繡法〔參見P.37〕繡上11顆②。（2股）
❺ 以串珠固定亮片的技法〔參見B〕，將①③繡在外側圓圈的點（·）上。（2股）
❻ 在從外數來的第二條圓圈裡，依④1片、①1顆、③1片、①2顆的順序穿針，往中心方向進行組合繡〔參見圖C〕。（2股）
❼ 在步驟❻相鄰兩段的①之間繡上2顆②。（2股）
❽ 完成收邊處理後，安裝上胸針五金〔參見P.44〕。

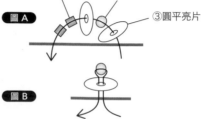

【刺繡圖案】
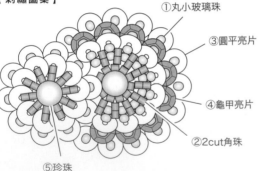

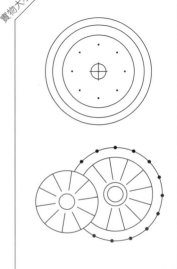

製作方法

製作方法的共同事項
* 刺繡前的基本技巧請參見「P.34至P.46」。
* 〔材料〕的讀法：紅字標示的串珠・五金配件類品牌為MIYUKI，繡線品牌則為DMC。圓圈內的數字代表繡上串珠的順序，之後依序標示：商品名（商品編號）顏色（色號）形狀尺寸 數量。繡線則依：繡線名 色號 數量，依序標示。
* 〔作法〕步驟文字的（ ）內，標示縫線的種類&股數。
* 縫線要打2次結。
* 刺繡的開始&結束都要進行2次點針繡。
* 完成刺繡結束的點針繡後，一定要打結2次。
* 單圈等請以平嘴鉗夾住，前後打開&闔上。

圓

手鍊・夾式耳環・項鍊

成品欣賞：*P.* 4
刺繡主體尺寸：夾式耳環 直徑2cm
手鍊&項鍊 直徑1.5cm

〔材料〕

{ 手鍊 ・ 夾式耳環 ・ 項鍊共通材料 }

串珠・五金配件類
① 施華洛世奇 黑鑽 3mm 夾式耳環6個／手鍊&項鍊3個
② 古董珠（DB1731）半透明洞染 1.6mm 夾式耳環約60顆／手鍊&項鍊各約20顆
③ 穿線亮片（HC114）珍珠AB（#4501）圓平4mm 夾式耳環40片／手鍊&項鍊各約10片
④ 亮片（H1297）淺粉紅AB（#509）龜甲4mm 夾式耳環約40片／手鍊&項鍊各約10片
⑤ 方角金屬絲管（HC161）銀色 夾式耳環10cm／手鍊&項鍊各約5cm
爪座 3mm 夾式耳環6個／手鍊&項鍊各3個

{ 手鍊 }
彈簧扣（K561/B）青銅色 6mm 1個
延長鍊（K565/B）青銅色 6cm 1個
鍊條（K1506/B）青銅色 寬約2mm 13cm
小單圈（K543/B）青銅色 0.6×3×4mm 4個
Menoni連接飾片（S17）古典金（#49）15mm 1個

{ 夾式耳環 }
夾式耳環五金（K1638-8/S）銀色 黏貼用平盤8mm 1組

{ 項鍊 }
彈簧扣（K561/B）青銅色 6mm 1個
延長鍊（K565/B）青銅色 6cm 1個
鍊條（K1506/B）青銅色 寬約2mm 40cm
小單圈（K543/B）青銅色 0.6×3×4mm 3個
Menoni連接飾片（S16）古典金（#49）15mm 1個

其他共通
串珠繡線（K4570）黑色（#12）／白色（#1）／天使粉紅（#14）
歐根紗 黑色 25cm正方形 1片
合成皮革 黑色 3cm正方形 2片…夾式耳環
不織布 黑色 厚1mm 3cm正方形 各1片…手鍊&項鍊

〔夾式耳環的作法〕
❶ 將①嵌進爪座後，彎摺爪扣進行固定〔參見圖A〕。參見【刺繡圖案】，在指定位置止縫固定2次〔參見P.41〕。（串珠繡線：黑色 2股）
❷ 取約30顆〈單耳數量〉②，不規則填繡圖案〔參見P.38〕。填繡時，應預留繡上③④⑤的空間，取約2mm的間隔刺繡。（串珠繡線：黑色 2股）
❸ 在圖案的中心線右側繡上③，左側繡上④；左右各約20片〈單耳數量〉，不規則地繡在縫隙間〔參見P.38〕。（串珠繡線：③白色・④天使粉紅 1股）
❹ 將⑤剪至約3mm後，止縫固定在②③的縫隙間〔參見圖B〕。（串珠繡線：黑色 2股）
❺ 收邊處理後，裝上耳環五金。〔參見P.44〕

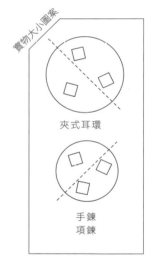

實物大小圖案

夾式耳環

手鍊
項鍊

圖A

4 2
1 3

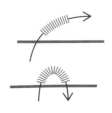
圖B →參見 P.40

小針目縫繡金屬絲管，以呈現圓拱狀。

【刺繡圖案】

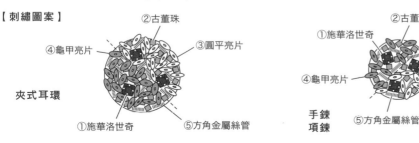

②古董珠
④龜甲亮片
③圓平亮片
夾式耳環
①施華洛世奇
⑤方角金屬絲管

②古董珠
①施華洛世奇
④龜甲亮片
③圓平亮片
手鍊
項鍊
⑤方角金屬絲管

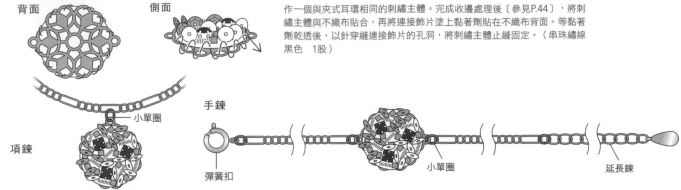

【 項鍊 · 手鍊的作法 】

背面　　　　　側面

作一個與夾式耳環相同的刺繡主體。完成收邊處理後〔參見P.44〕，將刺繡主體與不織布貼合，再將連接飾片塗上黏著劑貼在不織布背面。等黏著劑乾透後，以針穿縫連接飾片的孔洞，將刺繡主體止縫固定。（串珠繡線 黑色　1股）

項鍊　　　—小單圈

手鍊

彈簧扣　　　　　小單圈　　　　　延長鍊

將單孔連接飾片以小單圈接在長40cm的鍊條中心，鍊條的頭尾兩端也以小單圈分別接上彈簧扣＆延長鍊。

以小單圈將2條長6.5cm的鍊條連接在雙孔連接飾片兩側，鍊條的頭尾兩端也以小單圈分別接上彈簧扣＆延長鍊。

波浪邊
耳針式耳環 · 戒指 · 項鍊

成品欣賞： *P.* 5
刺繡主體尺寸：長2.2×寬2.5cm

〔 材料 〕

{ A }
串珠 · 五金配件類
①穿線亮片（HC114）珍珠AB（#4501）圓平4mm　約112片
②古董珠（DB1731）半透明洞染　1.6mm　約150顆
③古董珠（DB1584）消光巧克力　1.6mm　約20顆
耳針式耳環五金（K2799/S）銀色　黏貼用平盤5mm　1組

其他
串珠繡線（K4570）白色（#1）…a／極光黃（#13）…b

{ B }
共通的串珠 · 五金配件類
①穿線亮片（HC114）亮金色（#101L）圓平4mm　耳針式耳環約112片／項鍊＆戒指約56片
②古董珠（DB1530）白玉琺瑯燒印雷射　1.6mm　耳針式耳環約150顆／項鍊＆戒指約70顆
③古董珠（DB1455）蛋白石鍍銀洞染琺瑯燒印1.6mm　耳針式耳環約20顆／項鍊＆戒指約10顆
耳針式耳環五金（K2799/S）銀色　黏貼用平盤5mm　1組

{ 項鍊 }
鍊條（K1506/MS）霧銀　寬約2mm　50cm
小單圈（K543/MS）霧銀　0.6×3×4mm　4個
延長鍊（K565/MS）霧銀　6cm　1個
彈簧扣（K561/MS）霧銀　6mm　1個

{ 戒指 }
附戒台的戒指　銀色　15mm　1個

其他
串珠繡線（K4570）極光黃（#13）…a／白色（#1）…b
縫紉線（縫小單圈用）黑色

{ C }
串珠 · 五金配件類
①穿線亮片（HC114）優雅星辰色（#7070）圓平4mm　約112片
②古董珠（DB221）阿拉伯鍍銀　1.6mm　約150顆
③古董珠（DB1459）蛋白石鍍銀洞染琺瑯燒印　1.6mm　約20顆
耳針式耳環五金（K2799/S）銀色　黏貼用平盤5mm　1組

其他
串珠繡線（K4570）蒼白灰（#21）…a／白色（#1）…b

其他共通
歐根紗　黑色　25cm正方形　1片
合成皮革　黑色　長3cm×寬4cm　耳針式耳環各2片／項鍊＆戒指各1片

〔耳針式耳環＆戒指的作法〕

❶ 見【刺繡圖案】，從最下段開始，以①逐段連續繡成鱗片狀〔參見圖A〕。至第3段為止須增加亮片數，第4段之後改為減少亮片數，並將各段止縫固定。①應在圖案的左右輪廓線上＆之間進行刺繡。（串珠繡線a　1股）
❷ 將②疊繡成立體鼓起狀〔參見圖B〕，再取③1針1顆疊繡在②之間，填繡至不留空隙。使②稍微蓋過步驟❶的亮片，串珠＆亮片的界線就會相當清晰。（串珠繡線b　2股）
❸ 完成收邊處理後，安裝五金製成耳針式耳環＆戒指。〔參見P.44〕

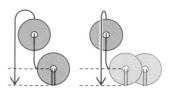
圖A →參見 P.36

往箭頭方向運針，止縫固定亮片。

【刺繡圖案】

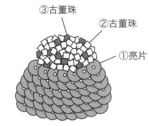
③古董珠
②古董珠
①亮片

圖B →參見 P.39

實物大小圖案

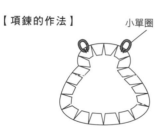
【項鍊的作法】
小單圈

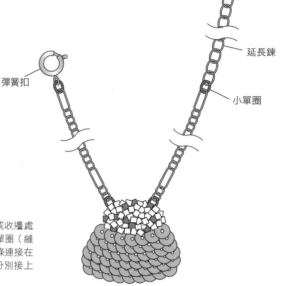
延長鍊
小單圈
彈簧扣

作一個與耳針式耳環＆戒指相同的刺繡主體。將完成收邊處理〔參見P.44〕的刺繡主體翻至背面，在兩處縫上小單圈（縫紉線　1股），再貼上合成皮革。將2條長25cm的鍊條連接在刺繡主體的小單圈上，鍊條的頭尾兩端也以小單圈分別接上彈簧扣＆延長鍊。

貝殼

胸針・戒指

成品欣賞：*P.* 6
刺繡主體尺寸：胸針 長2.5×寬3.3cm
　　　　　　　戒指 長2×寬2.5cm

〔材料〕

{ A }
串珠・五金配件類
①亮片（H5537）水藍色　龜甲5mm　約60片
②3cut珍珠（J665）灰色　2×1.7mm　10顆
金線　金色　約30cm
胸針五金（K508/S）銀色　1個

其他
串珠繡線（K4570）西洋紅（#23）…a／黑色（#12）…b
金屬繡線（HC151）亮金色（#2）

{ C }
串珠・五金配件類
①亮片（H486/402）淺灰色　龜甲5mm　約60片
②3cut珍珠（J664）米白色　2×1.7mm　10顆
銀線　銀色　約30cm
胸針五金（K508/S）銀色　1個

其他
串珠繡線（K4570）蒼白灰（#21）…a／黑色（#12）…b
金屬繡線（HC151）銀色（#1）

{ B }
共通的串珠・五金配件類
①亮片（H483/402）亮棕色　龜甲5mm
　胸針約60片／戒指約33片
②3cut珍珠（J663）cultra　2×1.7mm　胸針10顆／戒指7顆
金線　金色　胸針約30cm／戒指約20cm

{ 胸針 }
胸針五金（K508/S）銀色　1個

{ 戒指 }
附戒台戒指　銀色　20mm　1個

其他
串珠繡線（K4570）丁香紫（#18）…a／黑色（#12）…b
金屬繡線（HC151）亮金色（#2）

其他共通
歐根紗　黑色　25cm正方形　1片
不織布　黑色　厚1mm　4cm正方形　各1片…戒指＆胸針
合成皮革　黑色　4cm正方形　各1片…胸針

〔作法〕
❶ 將①翻至背面，參見【刺繡圖案】從最下段開始連續繡成鱗片狀〔參見P.36〕。第3至4段亮片數增加，之後開始減少並止縫固定。（串珠繡線a　1股）
❷ 鬆開金線後拉出1股，沿圖案線以釘線繡止縫固定〔參見圖A〕。請以小針目固定避免醒目，並在轉彎處縮短針距刺繡。（金屬繡線　1股）
❸ 在金線間的空隙處，逐顆地縫上②。（串珠繡線b　2股）
❹ 金線兩端穿至歐根紗背面，倒往亮片側綁住固定，剪去多餘的金線。（串珠繡線a　1股）
❺ 完成收邊處理後，與不織布＆合成皮革貼合，最後安裝上胸針五金〔參見P.44至P.45〕。
※戒指款則將完成收邊處理的刺繡主體＆不織布貼合，再將不織布底部貼在戒指的戒台上。

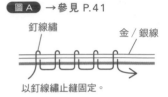
圖A →參見 P.41
釘線繡
金／銀線
以釘線繡止縫固定。

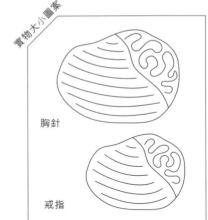
實物大小圖案
胸針
戒指

【刺繡圖案】

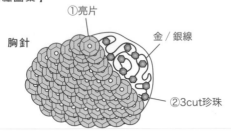
胸針
①亮片
金／銀線
②3cut珍珠

戒指
①亮片
金線
②3cut珍珠

翅膀
耳針式耳環・手鍊

成品欣賞：𝒫. 7
刺繡主體尺寸：長1.3×寬2.2cm

〔材料〕
{ A }
串珠・五金配件類
① 施華洛世奇　白色蛋白石　3mm　2顆
② 附爪座施華洛世奇　黑鑽　3.5mm　2顆
③ 古董珠（DB1530）白玉琺瑯燒印雷射　1.6mm　約40顆
緞帶　鮭魚橘　寬4mm×長約40cm　1條
緞帶　粉紅色　寬3.5mm×長約40cm　1條
耳針式耳環五金（K2799/S）銀色　黏貼用平盤5mm　1組
爪座　金色　3mm　2個

其他
串珠繡線（K4570）黑色（#12）…a／天使粉紅（#14）…b

{ B }
串珠・五金配件類
① 施華洛世奇　煙灰色黃玉　3mm　2顆
② 附爪座施華洛世奇　黃玉　3.5mm　2顆
③ 古董珠（DB1459）蛋白石鍍銀洞琺瑯燒印　1.6mm　約40顆
兩種緞帶　薰衣草紫　寬3.5mm×長約40cm　各1條
耳針式耳環五金（K2799/S）銀色　黏貼用平盤5mm　1組
爪座　金色　3mm　2個

其他
串珠繡線（K4570）黑色（#12）…a／丁香紫（#18）…b

{ C }
共通的串珠・五金配件類
① 施華洛世奇　黑鑽　3mm　耳針式耳環2顆／手鍊1顆
② 附爪座施華洛世奇　黃玉　3.5mm　耳針式耳環2顆／手鍊1顆
③ 古董珠（DB1731）半透明洞染　1.6mm
　　耳針式耳環約40顆／手鍊約20顆
兩種緞帶　水藍色　寬3.5mm　耳針式耳環長約40cm
　／手鍊長約20cm　各1條

{ 耳針式耳環 }
爪座　金色　3mm　2個
耳針式耳環五金（K2799/S）銀色　黏貼用平盤5mm　1組

{ 手鍊 }
鍊條（K1506/MS）霧銀　寬約2mm　13cm
小單圈（K543/MS）霧銀　0.6×3×4mm　4個
延長鍊（K565/MS）霧銀　6cm　1個
彈簧扣（K561/MS）霧銀　6mm　1個
爪座　金色　3mm　1個

其他
串珠繡線（4570）
　黑色（#12）…a／極光黃（#13）…b／西洋紅（#23）…c

其他共通
歐根紗　黑色　25cm 正方形　1片
合成皮革　黑色　長2cm×寬3cm　耳針式耳環各2片／手鍊1片

【刺繡圖案】

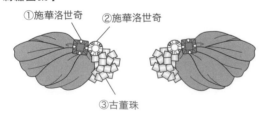
①施華洛世奇　②施華洛世奇
③古董珠

圖A →參見 P.41

〔耳針式耳環的作法〕
❶ 將①嵌進爪座裡，彎摺爪扣進行固定〔參見P.47〕後，參見【刺繡圖案】，在指定位置止縫固定2次
〔參見圖A〕。（串珠繡線a　2股）
❷ 將②止縫固定2次〔參見圖A〕。（串珠繡線a　2股）
❸ 將③疊繡成立體鼓起狀〔參見P.39〕。（串珠繡線b　2股）
❹ 依圖B的1至5順序，繡上兩種緞帶。（串珠繡線：C作品取c・其他取b　2股）
❺ 完成收邊處理後，安裝上耳針五金〔參見P.44〕。

圖B →參見 P.43

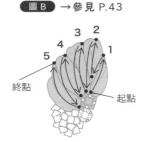

【手鍊的作法】

彈簧扣　　　　　　　　　　小單圈　　　　　　　　　　延長鍊

製作與耳針式耳環相同的刺繡主體。在完成收邊處理〔參見P.44〕的刺繡主體背面兩端縫上小單圈
（串珠繡線a　1股），貼上合成皮革。將2條長6.5cm的鍊條連接在刺繡主體的小單圈上，鍊條的頭
尾兩端也以小單圈分別接上彈簧扣&延長鍊。

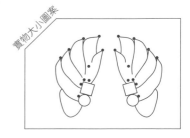

花瓣

胸針

成品欣賞：*P.*8
刺繡主體尺寸：長2.5×寬3.2cm

〔材料〕

{A}
串珠・五金配件類
① 圓滑直孔珍珠（HC142/4）Kiska　4mm圓　3顆
② 火焰拋光珍珠（K2052）Cultra（＃493）2mm　10顆
③ 亮片（H1297）透明咖啡色AB（＃508）龜甲4mm　約12片
歐根紗緞帶　淺粉紅色　寬11mm×長約20cm　1條
緞帶　淺粉紅色　寬7mm×長約20cm　1條
胸針五金（K508/S）銀色　1個

其他
串珠繡線（K4570）
白色（＃1）…a／黑色（＃12）…b／天使粉紅（＃14）…c

{B}
串珠・五金配件類
① 圓滑直孔珍珠（HC144/4）米黃色　4mm圓　3顆
② 火焰拋光珍珠（K2052）灰色（＃495）2mm　10顆
③ 穿線亮片（HC104）亮金色（＃101L）龜甲4mm　約12片
緞帶　淺粉紅色／水藍色　寬3.5mm×長約20cm　各1條
胸針五金（K508/S）銀色　1個

其他
串珠繡線（K4570）蒼白灰（＃21）…a／西洋紅（＃23）…c
金屬繡線（HC151）亮金色（＃2）

其他共通
歐根紗　黑色　25cm正方形　1片
合成皮革　黑色　4cm正方形　各1片

〔作法〕
❶ 參見【刺繡圖案】，將①逐顆止縫固定。（串珠繡線a　2股）
❷ 取2mm的間距，不規則填繡②〔參見P.38〕。（串珠繡線a　2股）
❸ 在①與②之間繡上③〔參見P.38〕。（A作品取串珠繡線b　1股・B作品取金屬繡線　2股）
❹ 依圖A的1至6順序，繡上兩種緞帶。（串珠繡線c　2股）
❺ 完成收邊處理後，安裝上胸針五金〔參見P.44〕。

【刺繡圖案】

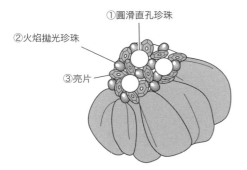

①圓滑直孔珍珠
②火焰拋光珍珠
③亮片

圖A →參見 P.43

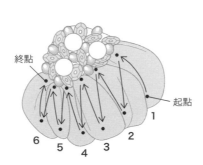

終點　　　　起點

時髦的迷彩愛心

胸針 · 耳針式耳環

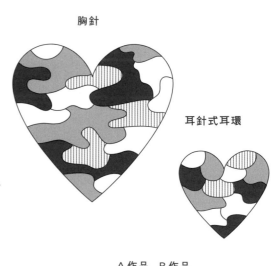

成品欣賞：*P.* 13

刺繡主體尺寸：胸針 長4.2×寬4cm

耳針式耳環 長2.3×寬2.4cm

〔材料〕

{ 胸針 A }

串珠 · 五金配件類

① 3cut珍珠（J664）米黃色　2.2至2.3mm　約65顆
② 亮片（H1293）金屬焦糖色（＃119）圓平3mm　約32片
③ 3cut角珠（H5351）咖啡玉蟲色（＃461）2至2.2mm　約25顆
④ 丸小玻璃珠（H6983）畢卡索塗料不透明色（＃4516）2mm　約12顆
⑤ 古董珠（DBSC10）黑色　1.3mm　約40顆
⑥ 亮片（H450/432）銀色　龜甲3mm　約25片
⑦ 丸特小玻璃珠（H2915）水晶鍍銀洞銀色（＃1）1.5mm　約25顆
胸針五金（K508/S）銀色　1個

{ 胸針 B }

串珠 · 五金配件類

① 3cut角珠（H2790）黑色（＃401）2至2.2mm　約80顆
② 亮片（H1293）金屬粉紅（＃105）圓平3mm　約20片
③ 丸小玻璃珠（H6426）Duracoat外銀著色（＃4210）2mm　約15顆
④ 古董珠（DB74）水晶洞染　1.6mm　約15顆
⑤ 古董珠（DBS301）消光黑雷射　1.3mm　約40顆
⑥ 亮片（H450/432）銀色　龜甲3mm　約25片
⑦ 丸特小玻璃珠（H2915）水晶鍍銀洞銀色（＃1）1.5mm　約25顆
胸針五金（K508/S）銀色　1個

其他共通

串珠繡線（K4570）白色（＃1）／黑色（＃12）
歐根紗　白色　25cm正方形　1片
合成皮革　黑色　5cm正方形　1片

繡線

{ 胸針／耳針式耳環 A }
25號繡線　938／3022／520　各1束
{ 胸針／耳針式耳環 B }
25號繡線　3607／3609／318　各1束

〔胸針的作法〕· 實物大小圖案參見 P.61

❶ 參見【刺繡圖案】，以雙珠連續刺繡法〔參見P.37〕，沿輪廓線繡上①。（串珠繡線：A作品白色·B作品黑色　2股）
❷ 參見【法國結粒繡的分色區塊】，以繞2圈的法國結粒繡〔參見P.46〕進行填繡。（25號繡線　4股）
❸ 【刺繡圖案】■內，以組合繡法不規則地繡上②③〔參見圖A③〕。（串珠繡線：A作品黑色·B作品白色　2股）
❹ 【刺繡圖案】■內，不規則地逐顆繡上④。（串珠繡線：A作品黑色·B作品白色　2股）
❺ 【刺繡圖案】■內，以2至3顆⑤的組合繡〔參見圖A⑤〕進行填繡。（串珠繡線：黑色　2股）
❻ 【刺繡圖案】▨，以串珠固定亮片的方法繡⑥⑦〔參見圖A⑥〕。（串珠繡線：白色　2股）
❼ 完成收邊處理後，安裝上胸針五金〔參見P.44〕。

【刺繡圖案】

胸針

①3cut珍珠

④丸小玻璃珠

②圓平亮片

③3cut角珠

■ 以⑤進行組合繡。

▨ 取⑥⑦，以串珠固定亮片。

耳針式耳環

①3cut珍珠

⑦圓滑直孔珍珠

②圓平亮片

③3cut角珠

＊⑦的位置要
左右對稱。

■ 以④進行組合繡。

▨ 取⑤⑥，以串珠固定亮片。

【法國結粒繡的分色區塊】

胸針

耳針式耳環

	A作品	B作品
■ 25號繡線	520	／3607
▥ 25號繡線	3022	／318
▦ 25號繡線	938	／3609

〔材料〕

【耳針式耳環 A】
串珠・五金配件類
① 3cut珍珠（J664）米黃色　2.2至2.3mm　約70顆
② 亮片（H1293）金屬焦糖色（＃119）圓平3mm　約16片
③ 3cut角珠（H5351）咖啡玉蟲色（＃461）2至2.2mm　約8顆
④ 古董珠（DBSC10）黑色　1.3mm　約25顆
⑤ 亮片（H450/432）銀色　龜甲3mm　約16片
⑥ 丸特小玻璃珠（H2915）水晶鍍銀洞銀色（＃1）1.5mm　約16顆
⑦ 圓滑直孔珍珠（HC141/3）白色　3mm　2顆
附圓盤耳針式耳環　6mm　金色　1組

【耳針式耳環 B】
串珠・五金配件類
① 3cut角珠（H2790）黑色（＃401）2至2.2mm　約80顆
② 亮片（H1293）金屬粉紅色（＃105）圓平3mm　約8片
③ 丸小玻璃珠（H6426）Duracoat外銀著色（＃4210）2mm　約8顆
④ 古董珠（DBS301）消光黑雷射　1.3mm　約32顆
⑤ 亮片（H450/432）銀色　龜甲3mm　約16片
⑥ 丸特小玻璃珠（H2915）水晶鍍銀洞銀色（＃1）1.5mm　16顆
⑦ 圓滑直孔珍珠（HC141/3）白色　3mm　2顆
⑧ 古董珠（DB74）水晶洞染　1.6mm　約10顆
附圓盤耳針式耳環　6mm　金色　1組

其他共通
串珠繡線（K4570）白色（＃1）／黑色（＃12）
歐根紗　白色　25cm正方形　1片
合成皮革　黑色　3cm正方形　各2片

〔耳針式耳環的作法〕　實物大小圖案參見 P.61
❶ 參見【刺繡圖案】，沿圖案輪廓線1針繡2顆①，連續繡35至40顆〈單耳數量〉〔參見P.37〕。（串珠繡線：A作品白色・B作品黑色　2股）
❷ 參見【法國結粒繡的分色區塊】，以繞2圈的法國結粒繡〔參見P.46〕進行填補。（25號繡線　4股）
❸【刺繡圖案】■內，以約8片②＋約4顆③〈單耳數量〉不規則地進行組合繡〔參見圖A@〕。（串珠繡線：A作品黑色・B作品白色　2股）
❹ 僅B作品在【刺繡圖案】■內，逐顆地不規則繡上約3顆⑧〈單耳數量〉。（串珠繡線：白色　2股）
❺【刺繡圖案】■內，以每次2至3顆的組合繡法〔參見圖A⑥〕，繡上約12至16顆④〈單耳數量〉。（串珠繡線：黑色　2股）
❻【刺繡圖案】圖內，以串珠固定亮片的方法〔參見圖A©〕，繡上約7至8片⑤＋約7至8顆⑥〈單耳數量〉。（串珠繡線：白色　2股）
❼ 止縫固定⑦。（串珠繡線：白色　2股）
❽ 完成收邊處理後，安裝上耳針五金〔參見P.44〕。

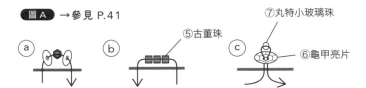

圖A → 參見 P.41

⑤古董珠　⑦丸特小玻璃珠　⑥龜甲亮片

a　b　c

三色菫的細語
耳針式耳環・戒指

成品欣賞：*P.* 11
刺繡主體尺寸：戒指　長 2.5× 寬 2.8cm
　　　　　　　耳針式耳環　長 2.2× 寬 2.5cm

〔材料〕

【耳針式耳環】
串珠・五金配件類
① MC爪鑽（K4882）水晶（＃1）4.6至4.8mm　1顆
② 亮片（H451/432）龜甲3mm　12片
③ 丸特小玻璃珠（H2916）金褐色鍍銀洞金（＃3）1.5mm　6顆
④ 古董珠（DBSC10）黑色　1.3mm　約160顆
⑤ 亮片（HC123）銀色（＃100）放射花紋3mm　90片
⑥ 3cut角珠（H5399）透明卡普里黑藍色（＃149D）
　　2至2.2mm　約18顆
⑦ 丸特小玻璃珠（H2925）Gunmetal（＃451）1.5mm　約10顆
附圓盤耳針式耳環　6mm　金色　1組

其他
串珠繡線（K4570）白色（＃1）…a／黑色（＃12）…b
歐根紗　白色　25cm正方形　1片
合成皮革　黑色　3cm正方形　2片

{ 戒指 A }
串珠・五金配件類
① MC爪鑽（K4882）水晶（＃1）4.6至4.8mm　1顆
② 亮片（H451/432）龜甲3mm　6片
③ 丸特小玻璃珠（H2916）金褐色鍍銀洞金（＃3）1.5mm　3顆
④ 古董珠（DBSC10）黑色　1.3mm　約100顆
⑤ 亮片（HC123）銀色（＃100）放射花紋3mm　約55片
⑥ 3cut角珠（H5399）透明卡普里黑藍色（＃149D）2至2.2mm　約15顆
⑦ 丸特小玻璃珠（H2925）Gunmetal（＃451）1.5mm　約15顆
附戒台戒指台　15mm　金色　1個

{ 戒指 B }
串珠・五金配件類
① MC爪鑽（K4882）水晶（＃1）4.6至4.8mm　1個
② 亮片（H451/432）龜甲3mm　6片
③ 丸特小玻璃珠（H2916）金褐色鍍銀洞金（＃3）1.5mm　3顆
④ 特小六角串珠（HC17）焦金燒印（＃457）1.5mm　約90顆
⑤ 亮片（HC123）金色（＃101）放射花紋3mm　約55片
⑥ 3cut角珠（H2790）黑色（＃401）2至2.2mm　約15顆
⑦ 丸特小玻璃珠（H2921）黑色（＃401）1.5mm　約15顆
附戒台戒指台　15mm　金色　1個

其他共通
串珠繡線（K4570）白色（＃1）…a／黑色（＃12）…b／象牙白（＃2）…c
歐根紗　白色　25cm正方形　1片
合成皮革　黑色　3.5cm正方形　各1片

〔作法〕
❶ 參見【刺繡圖案】，在中央圓圈處將①止縫固定2次〔參見圖A〕。（串珠繡線a　2股）
❷ ①旁邊的三個點，依④1顆、②2片、③1顆的順序穿線進行組合繡〔參見圖B〕。（串珠繡線a　2股）
❸ 以雙珠連續刺繡法〔參見P.37〕，沿輪廓外側繡上約55顆④〈單耳數量〉。（串珠繡線b　2股）
❹ 在步驟❸內側連續繡上約45片⑤〈單耳數量〉〔參見P.36〕。（串珠繡線a　2股）
❺ 在步驟❹內側輪廓線上，以雙珠連續刺繡法〔參見P.37〕繡上約25顆④〈單耳數量〉。（串珠繡線b　2股）
❻ 在步驟❺內側以1針繡1顆的方式，先繡⑥再繡上⑦。（串珠繡線b　2股）
❼ 完成收邊處理後，安裝上耳針五金〔參見P.44〕。
　※戒指款也以相同作法，止縫固定指定的串珠。完成收邊處理後，安裝上戒指五金〔參見P.44〕。縫繡⑤的串
　　珠繡線：A作品取a，B作品取c。

【刺繡圖案】

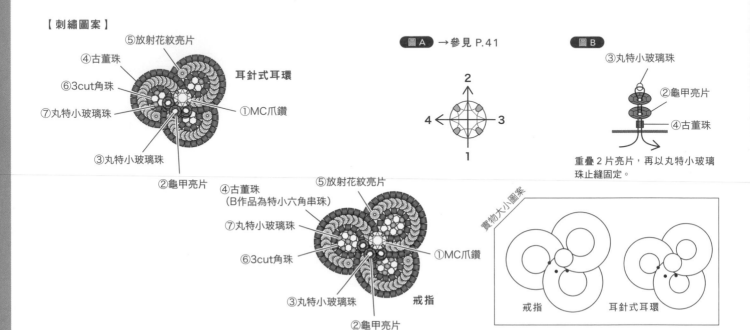

⑤放射花紋亮片
④古董珠
⑥3cut角珠
⑦丸特小玻璃珠
①MC爪鑽
耳針式耳環
③丸特小玻璃珠
②龜甲亮片

圖A →參見 P.41

圖B
③丸特小玻璃珠
②龜甲亮片
④古董珠
重疊2片亮片，再以丸特小玻璃珠止縫固定。

⑤放射花紋亮片
④古董珠（B作品為特小六角串珠）
⑦丸特小玻璃珠
⑥3cut角珠
①MC爪鑽
③丸特小玻璃珠
②龜甲亮片
戒指

實物大小圖案
戒指　　耳針式耳環

時尚風格的葉片

胸針

成品欣賞：*P.* 12
刺繡主體尺寸：A 長8×寬3cm
　　　　　　　B 長9×寬3cm

〔 A 的材料 〕

串珠・五金配件類
① 管珠（SLB2001）灰色　1.3×6mm　26顆
② 丸特小玻璃珠（H2915）水晶鍍銀銀洞銀色（#1）1.5mm　約13顆
③ 亮片（H451/432）龜甲約3mm　約13片
④ 圓滑直孔珍珠（HC141/S）白色　5mm　1顆
金屬緞帶　銀色　寬2mm×長約25cm　1條
旋轉頭安全別針　銀色　1個

其他
串珠繡線（K4570）白色（#1）
金銀串珠繡線　銀色
歐根紗　白色　25cm正方形　1片
合成皮革　黑色　長10×寬4cm　1片

繡線
25號繡線　415／317　各1束

〔 作法 〕・實物大小圖案參見 P.58
❶ 參見【線條刺繡的行進方向】黑色箭頭（→）方向，進行緞面繡〔參見P.46〕。（25號繡線：415　4股）
❷ 參見【線條刺繡的行進方向】紅色箭頭（→）方向＆區域，在步驟❶上方進行直線繡〔參見P.46〕。（25號繡線：317　4股）
❸ 依①、②、③順序的組合〔參見圖A〕＆僅繡上①的兩種繡法，自根部往葉尖方向，左右交錯地進行刺繡（串珠繡線　2股）。根部最後要縫上④，因此請先預留約1cm的空隙。
❹ 將金屬緞帶沿圖案的輪廓線止縫固定〔參見P.42〕。（金銀串珠繡線　1股）
❺ 將④止縫固定在葉片根部。（金銀串珠繡線　2股）
❻ 完成收邊處理後，安裝上胸針五金〔參見P.44〕。

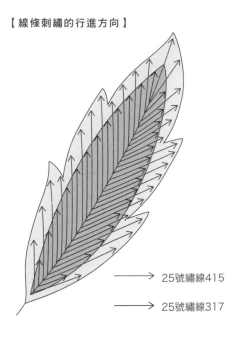

【線條刺繡的行進方向】　　　　　　　　【刺繡圖案】

⟶ 25號繡線415

⟶ 25號繡線317

① 管珠
② 丸特小玻璃珠
③ 亮片
④ 圓滑直孔珍珠

圖A

① 管珠
② 丸特小玻璃珠
③ 亮片

〔B 的材料〕

串珠・五金配件類
① 古董珠（DB301）消光黑雷射　1.6mm　約120顆
② 管珠（SLB2001）灰色　1.3×3mm　約20顆
③ MC爪鑽（K4882）水晶（＃1）4.6至4.8mm　1顆
④ 高級玻璃珍珠（J604/3）棕色　3mm　2顆
⑤ 高級玻璃珍珠（J604/5）棕色　5mm　2顆
⑥ 高級玻璃珍珠（J605/4）灰色　4mm　2顆
緞帶　棕灰色　寬4mm×約1m　1條
旋轉頭安全別針　銀色　1個

其他
串珠繡線（K4570）黑色（＃12）／象牙白（＃2）
歐根紗　白色　25cm正方形　1片
合成皮革　黑色　長10×寬4cm　1片

繡線
25號繡線　317／318　各1束
金蔥十字繡線　E677　1束

〔作法〕　實物大小圖案參見 P.58
❶ 參見【刺繡圖案】，以雙珠連續刺繡法〔參見P.37〕，沿圖案輪廓線繡上①。（串珠繡線：黑色　2股）
❷ 在中央線上，以單珠連續刺繡法〔參見圖A〕繡上②。（串珠繡線：黑色2股）
❸ 參見【線條刺繡的行進方向】，依25號繡線317、318、緞帶的順序，朝箭頭方向進行直線繡〔參見P.46〕，最後再繡上金蔥十字繡線。
❹ 在葉片根部，依③至⑥的順序，逐顆縫上。（串珠繡線：象牙白　2股）
❺ 完成收邊處理後，安裝上胸針五金〔參見P.44〕。

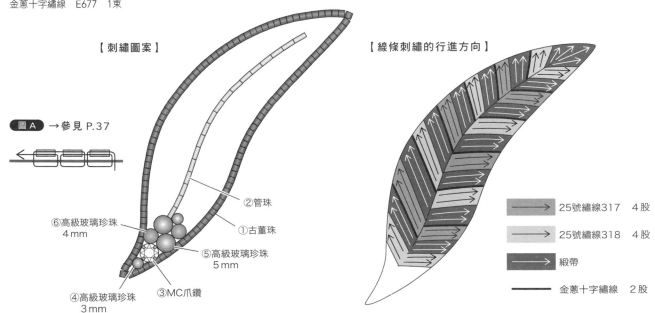

【刺繡圖案】

圖A → 參見 P.37

⑥高級玻璃珍珠 4mm
②管珠
①古董珠
⑤高級玻璃珍珠 5mm
④高級玻璃珍珠 3mm
③MC爪鑽

【線條刺繡的行進方向】

⟶ 25號繡線317　4股
⟶ 25號繡線318　4股
⟶ 緞帶
— 金蔥十字繡線　2股

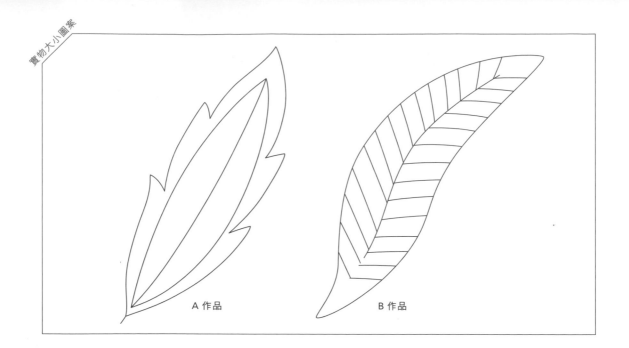

實物大小圖案

A 作品

B 作品

緞帶花

胸針

成品欣賞：*P.* 9
刺繡主體尺寸：A 長3.2×寬3.2cm
　　　　　　　B 長3.5×寬4.3cm

〔 A 的材料 〕

{ 棕色 }

串珠‧五金配件類
① 3cut角珠（H5351）咖啡玉蟲色（＃461）2至2.2mm　約80顆
② MC爪鑽（K4882）水晶（＃1）4.6至4.8mm　1顆
③ 穿線亮片（HC105）黑色（＃110）龜甲5mm　10片
④ 丸小玻璃珠（H15）黑色（＃401）2mm　10顆
歐根紗緞帶　棕色　寬5mm×長約30cm　1條
胸針五金（K508/S）銀色　1個

{ 海軍藍色 }

串珠‧五金配件類
① 3cut角珠（H2801）蔚藍金雷射（＃308）2至2.2mm　約80顆
② MC爪鑽（K4882）水晶（＃1）4.6至4.8mm　1顆
③ 亮片（HC125）Gunmetal（＃112）放射花紋5mm　10片
④ 丸小玻璃珠（H15）黑色（＃401）2mm　10顆
歐根紗緞帶　海軍藍色　寬5mm×長約30cm　1條
胸針五金（K508/S）銀色　1個

其他共通
串珠繡線（K4570）黑色（＃12）
歐根紗　白色　25cm正方形　1片
合成皮革　黑色　4cm正方形　各1片

〔 作法 〕 實物大小圖案參見 P.59

❶ 參見【刺繡圖案】，以雙珠連續刺繡法〔參見圖A〕，沿圖案輪廓線繡上①。
　（串珠繡線　2股）
❷ 在中央將②止縫固定2次〔參見P.41〕。（串珠繡線　2股）
❸ 參見【線條刺繡的行進方向】，在五片花瓣上（■）依箭頭方向（→）以直線繡填繡〔參見
　P.39〕。（25號繡線　6股）
❹ 依箭頭方向（→）以緞帶直線繡覆蓋步驟❸的繡線基底〔參見P.39〕。緞帶在花瓣的內側出針
　後，往外側渡1針，來回運針至完全覆蓋＆看不見下方的繡線。
❺ 在指定的花瓣中央處，依箭頭方向（→）進行直線繡〔參見P.46〕。（金蔥十字繡線　4股）
❻ 依③、④的順序穿線，進行組合刺繡〔參見圖B〕。（串珠繡線　2股）
❼ 完成收邊處理後，安裝上胸針五金〔參見P.44〕。

繡線
{ 棕色 }
25號繡線　452　1束
金蔥十字繡線　E677　1束
{ 海軍藍色 }
25號繡線　317　1束
金蔥十字繡線　E168　1束

【刺繡圖案】

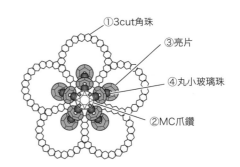

①3cut角珠
③亮片
④丸小玻璃珠
②MC爪鑽

【線條刺繡的行進方向】

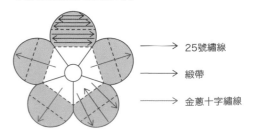

25號繡線
緞帶
金蔥十字繡線

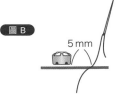

⬛ 圖 A → 參見 P.37

⬛ 圖 B

5mm

④丸小玻璃珠

③亮片

在距離MC爪鑽約5mm處出針，穿過珠片後往爪鑽邊緣入針。止縫固定2次。

〔 B 的材料 〕

共通的串珠 · 五金配件類
① 3cut角珠（H5354）不透明白色AB（＃471）2至2.2mm　各約120顆
② 穿線亮片（HC114）珍珠色AB（＃4501）圓平4mm　各約15片
③ MC爪鑽（K4882）水晶（＃1）4.6至4.8mm　各1顆
④ 圓滑直孔珍珠（HC145/4）灰色　4mm　各3顆
⑤ 圓滑直孔珍珠（HC145/3）灰色　3mm　各2顆
⑥ 丸小玻璃珠（H6421）Duracoat外銀著色（＃4201）2mm　各約10顆
緞面緞帶　藍色或水藍色　寬3.5mm×長約80cm　各1條
胸針五金（K508/S）銀色　各1個

其他共通
串珠繡線（K4570）白色（＃1）
歐根紗　白色　25cm正方形　1片
合成皮革　黑色　5cm正方形　各1片

〔 作法 〕
❶ 參見【刺繡圖案】，以雙珠連續刺繡法〔參見P.37〕，沿圖案輪廓線繡上①。（串珠繡線　2股）
❷ 參見【緞帶的刺繡方向】，以**1**至**3**的順序，依箭頭方向進行緞帶直線繡〔參見P.42〕。1片花瓣要重疊緞帶2至3次。
❸ 在指定的花瓣兩處，從外側往中心連續繡上②〔參見圖B〕。（串珠繡線　1股）
❹ 在中央止縫固定③2次〔參見P.41〕。（串珠繡線　2股）
❺ 依④至⑥順序，逐顆縫在指定位置。（串珠繡線　2股）
❻ 完成收邊處理後，安裝上胸針五金〔參見P.44〕。

【刺繡圖案】

①3cut角珠　　⑤圓滑直孔珍珠
　　　　　　　　　3mm

③MC爪鑽

②亮片

⑥丸小玻璃珠

④圓滑直孔珍珠
　　4mm

【緞帶的刺繡方向】

2
3
1

正面

背面

翻回正面

⬛ 圖 B
→ 參見 P.36

實物大小圖案

A 作品　　　　　　　　　B 作品

59

淑女之花

胸針

成品欣賞：$\mathscr{P}.10$
刺繡主體尺寸：長4.2×寬4.2cm

〔材料〕

串珠・五金配件類
① 3cut角珠（H2790）黑色（#401）2至2.2mm 約85顆
② MC爪鑽（K4883）水晶（#1）6.32至6.5mm 1顆
③ 穿線亮片（HC105）珍珠色AB（#4501）龜甲5mm 25片
④ 穿線亮片（HC104）珍珠色AB（#4501）龜甲4mm 65片
⑤ 亮漆珍珠（K266/4）黑色 4mm 8顆
⑥ 亮片（H451/432）龜甲3mm 40片
⑦ 丸特小玻璃珠（H2915）銀色（#1）1.5mm 40顆
旋轉頭安全別針 銀色 1個

其他
串珠繡線（K4570）白色（#1）/黑色（#12）
歐根紗 白色 25cm正方形 1片
合成皮革 黑色 5cm正方形 1片

〔作法〕 實物大小圖案參見 P.61
❶ 參見【刺繡圖案】，沿圖案的輪廓線並注意轉角處的銜接方式，以雙珠連續刺繡法〔參見P.38、圖A〕繡上①。（串珠繡線：黑色 2股）
❷ 在中央將②止縫固定2次〔參見圖B〕。（串珠繡線：白色 2股）
❸ 在步驟❶內側，往中心方向連續繡上③、④兩種亮片〔參見圖C〕。每1片花瓣共繡5排。繡上③時，須稍微覆蓋在①3cut角珠上方。每片花瓣以③×1片、④×2片在中央疊繡1排，其他排則是③×1片、④×3片。（串珠繡線：白色 1股）
❹ 將⑤止縫固定在②的周圍〔參見圖D〕。（串珠繡線：黑色 2股）
❺ 在⑤周圍，以串珠固定亮片的方法繡上⑥⑦〔參見圖E〕。（串珠繡線：白色 2股）
❻ 完成收邊處理後，安裝上胸針五金〔參見P.44〕。

【刺繡圖案】

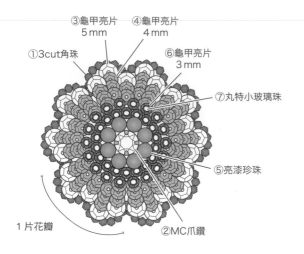

③龜甲亮片 5mm
④龜甲亮片 4mm
①3cut角珠
⑥龜甲亮片 3mm
⑦丸特小玻璃珠
⑤亮漆珍珠
1片花瓣
②MC爪鑽

圖A →參見 P.37

圖B →參見 P.41

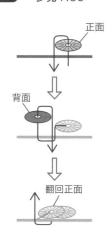

圖C →參見 P.36

正面
背面
翻回正面

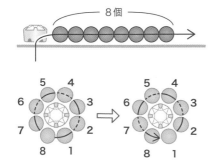

圖D →參見 P.38

8個

亮漆珍珠要圍繞在MC爪鑽周圍，止縫固定第1顆之後，線依序穿過第3、5、7顆止縫固定。再移動至第2顆，止縫固定其他珍珠。

圖E →參見 P.41

⑦丸特小玻璃珠
⑥龜甲亮片 3mm

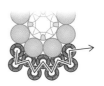

為使亮漆珍珠周圍不留空隙，請以亮片固定串珠+Z字形填繡方式進行。

60

心心相印

徽章別針

成品欣賞： *P.* 10

刺繡主體尺寸：長2.3×寬2.4cm

〔 材料 〕

{ A }

串珠 ‧ 五金配件類

① Precious串珠（3cut）（H3904）鍍金（＃191）2.2至2.3mm 40顆

② 亮片（H1293）黑色（＃110）圓平3mm 14片

③ 3cut角珠（H2790）黑色（＃401）2至2.2mm 10顆

附圓盤徽章別針套組 銀色 8mm 1個

{ B }

串珠 ‧ 五金配件類

① Precious串珠（3cut）（H3904）鍍金（＃191）2.2至2.3mm 40顆

② 亮片（H1297）透明紅色AB（＃511）龜甲4mm 12片

③ 3cut角珠（H5398）透明亮紅色（＃140）2至2.2mm 10顆

附圓盤徽章別針套組 銀色 8mm 1個

其他共通

串珠繡線（K4570）黑色（＃12）

歐根紗 白色 25cm正方形 1片

合成皮革 黑色 3.5cm正方形 各1片

繡線

{ A }

25號繡線 310 1束

{ B }

25號繡線 321 1束

〔 作法 〕

❶ 參見【刺繡圖案】，以雙珠連續刺繡法〔參見圖A〕，沿輪廓線繡上①。（串珠繡線 2股）

❷ 在圖案內側以繞2圈的法國結粒繡〔參見P.46〕進行填繡。（25號繡線 4股）

❸ 依②、③、②順序穿線的組合繡法〔參見圖B〕，在法國結粒繡之間不規則地刺繡。（串珠繡線 2股）

❹ 在空隙處逐顆繡上③。（串珠繡線 2股）

❺ 完成收邊處理後，安裝上徽章別針〔參見P.44〕。

【刺繡圖案】

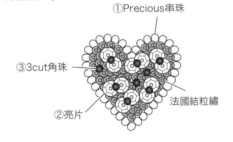

①Precious串珠

③3cut角珠

②亮片

法國結粒繡

圖 A → 參見 P.37

圖 B

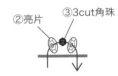

②亮片 ③3cut角珠

使針目比中央的 3cut 角珠略大，讓亮片呈現傾斜側倒的模樣。

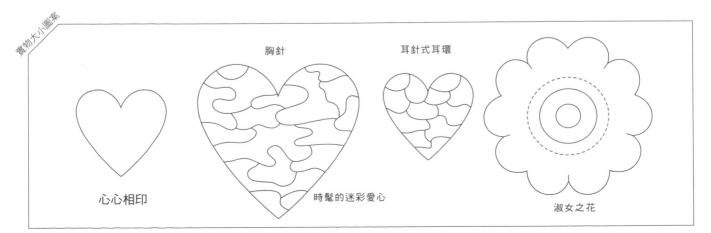

實物大小圖案

胸針

耳針式耳環

心心相印

時髦的迷彩愛心

淑女之花

金色斑紋＆咖啡虎斑紋的貓咪

胸針

成品欣賞：*P*. 14
刺繡主體尺寸：長2.8×寬3.3cm

〔材料〕

{ 金色斑紋貓咪 }

串珠・五金配件類

① 丸特小玻璃珠（H2921）黑色（＃401）1.5mm　約6顆
② 丸特小玻璃珠（H2915）水晶鍍銀洞（＃1）1.5mm　約20顆
③ 丸特小玻璃珠（H2916）金褐色鍍銀洞（＃3）1.5mm　約56顆
④ 3cut角珠（H2782）金褐色AB（＃251）2至2.2mm　約40顆
胸針五金（K508/S）銀色　25mm　1個

{ 咖啡虎斑紋貓咪 }

串珠・五金配件類

① 丸特小玻璃珠（H2921）黑色（＃401）1.5mm　約70顆
② 丸特小玻璃珠（H2915）水晶鍍銀洞（＃1）1.5mm　約30顆
④ 3cut角珠（H5337）金褐色洞染（＃379）2至2.2mm　約25顆
胸針五金（K508/S）銀色　25mm　1個

其他共通

金屬繡線（HC151）金色（＃3）
串珠繡線（K4570）灰色（＃3）／淺咖啡色（＃4）／黑色（＃12）
歐根紗　白色　25cm正方形　1片
合成皮革　黑色　4cm正方形　各1片
不織布　黑色　厚5mm　4cm正方形　各1片

繡線

{ 金色斑紋貓咪 }

25號繡線　310／ECRU／224　各1束
5號珍珠棉線　ECRU　1束

{ 咖啡虎斑紋貓咪 }

25號繡線　310／841／224　各1束
5號珍珠棉線　ECRU／840／841　各1束

【刺繡圖案】

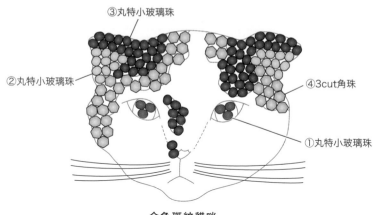

③ 丸特小玻璃珠
② 丸特小玻璃珠
④ 3cut角珠
① 丸特小玻璃珠

金色斑紋貓咪

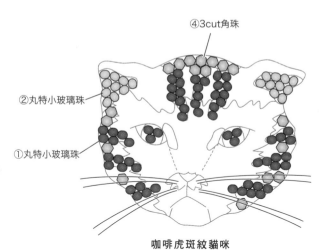

④ 3cut角珠
② 丸特小玻璃珠
① 丸特小玻璃珠

咖啡虎斑紋貓咪

【線條刺繡的行進方向】

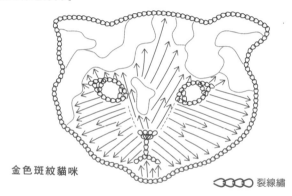

金色斑紋貓咪

≈≈≈≈ 裂線繡

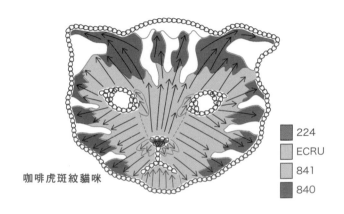

咖啡虎斑紋貓咪

224
ECRU
841
840

〔作法〕

❶ 參見【線條刺繡的行進方向】，以裂線繡繡出臉部輪廓〔參見P.46〕。（25號繡線：金色斑紋貓咪ECRU・咖啡虎斑紋貓咪841 1股）

❷ 以裂線繡繡出黑眼珠的輪廓〔參見P.46〕。（25號繡線：金色斑紋貓咪310・咖啡虎斑紋貓咪841 1股）

❸ 參見【刺繡圖案】，在眼睛內側不規則地繡上①〔參見P.38〕。（串珠繡線：黑色 2股）

❹ 以裂線繡繡出眼睛的輪廓〔參見P.46〕。（金屬繡線 1股）

❺ 以裂線繡繡出嘴巴＆鼻子的輪廓〔參見P.46〕。（25號繡線：金色斑紋貓咪224・咖啡虎斑紋貓咪310 1股）

❻ 參見【線條刺繡的行進方向】，在咖啡虎斑紋貓咪的鼻頭（■）以直線繡〔參見P.46〕填繡。（25號繡線：224 1股）

❼ 將內耳不規則地繡上②〔參見P.38〕。（串珠繡線：灰色 2股）

❽ 以指定的串珠不規則地繡上臉部花紋〔參見P.38〕。（串珠繡線：淺咖啡色 2股）

❾ 參見【線條刺繡的行進方向】，依箭頭方向（→）以長短針繡繡出金色斑紋貓咪的臉毛〔參見P.46〕。咖啡虎斑紋貓則依箭頭方向，以長短針繡先繡眼角＆嘴角（■），再繡內側的毛（■），最後繡外側的毛（■）（5號繡線 1股）。

❿ 金色斑紋貓在鼻頭繡上2顆③，咖啡虎斑紋貓在臉頰繡上數顆④。（串珠繡線：黑色 2股）

⓫ 在嘴邊縫繡鬍鬚（金屬繡線）。

⓬ 完成收邊處理後，與不織布＆合成皮革貼合，最後安裝上胸針五金。三片層疊的成品邊緣，再以毛毯繡（串珠繡線：灰色 2股）縫合固定〔參見P.44至P.45〕。

【鬍鬚的作法】

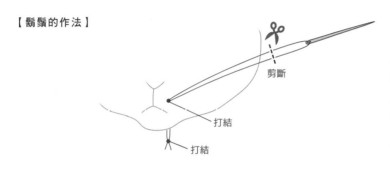

剪斷

打結

打結

金屬繡線穿針後打個結，在鬍鬚的位置從背面往表面出針。出針後，在根部打結固定，保留稍長的線段後剪斷。將整條金屬繡線都塗上亮甲油，靜置乾燥後剪成喜歡的長度。

實物大小圖案

金色斑紋貓　　　　咖啡虎斑紋貓　　　　貓頭鷹

冬季天鵝（白天鵝）　　冬季天鵝（黑天鵝）　　黑色＆米黃色橢圓　　冠羽

被作成飾品的貓頭鷹

胸針

成品欣賞：*P.* 15
刺繡主體尺寸：長3.7×寬3.5cm

〔材料〕

串珠・五金配件類
① 丸特小玻璃珠（H2921）黑色（#401）1.5mm 約10顆
② 丸特小玻璃珠（H5740）水晶燒印雷射亮灰色（#174）1.5mm 約70顆
③ 高級彩色珍珠（K251/8）白色 8mm 3個
④ 丸特小玻璃珠（H2915）水晶鍍銀洞（#1）1.5mm 約20顆
⑤ 穿線亮片（HC114）白色（#220）圓平4mm 約15片
胸針五金（K508/S）銀色 25mm 1個

其他
金屬繡線（HC151）銀色（#1）
串珠繡線（K4570）白色（#1）／灰色（#3）／黑色（#12）
歐根紗 白色 25cm 正方形 1片
合成皮革 黑色 5cm 正方形 1片
不織布 黑色 厚5mm 5cm 正方形 1片

繡線
25號繡線 310／841／ECRU 各1束

〔作法〕 實物大小圖案參見P.63
❶ 以裂線繡繡出黑眼珠的輪廓〔參見P.46〕。（25號繡線：310 2股）
❷ 參見【刺繡圖案】，在黑眼珠裡不規則地繡上①〔參見P.38〕。（串珠繡線：黑色 2股）
❸ 沿臉部輪廓線，以單珠連續刺繡法〔參見圖A〕，繡上②。（串珠繡線：灰色 2股）
❹ 參見【線條刺繡的行進方向】，以長短針繡依箭頭方向（→）繡出鼻子&臉部周圍（■）的羽毛〔參見P.46〕。
　鼻子則參見圖C刺繡。（25號繡線：841 3股）
❺ 以長短針繡依箭頭方向（→）填繡臉部內側（■）。（25號繡線：ECRU 3股）
❻ 將③逐珠地止縫固定在脖子處〔參見圖B〕。（串珠繡線：白色 2股）
❼ 在③的周圍繡上④⑤。預留間距地繡上④後，在留空處以使⑤倒靠④的繡法〔參見P.39〕繡上⑤。（串珠繡線：白色 2股）
❽ 參見【線條刺繡的行進方向】，在臉部周圍的羽毛指定位置（—）進行直線繡〔參見P.46〕。（金屬繡線 1股）
❾ 完成收邊處理後，與不織布&合成皮革貼合，最後安裝上胸針五金。三片層疊的成品邊緣，再以毛毯繡（串珠繡線：白色 2股）
　縫合固定〔參見P.44至P.45〕。

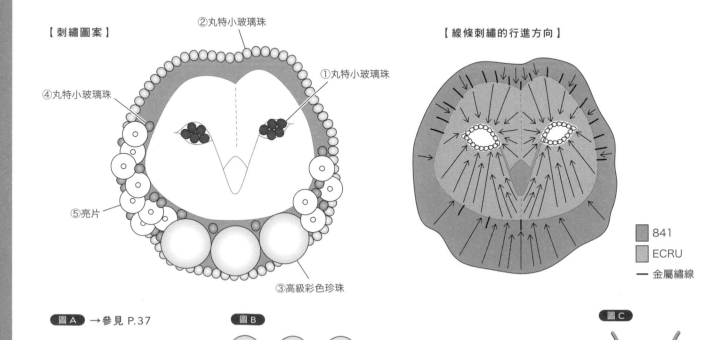

【刺繡圖案】

② 丸特小玻璃珠
① 丸特小玻璃珠
④ 丸特小玻璃珠
⑤ 亮片
③ 高級彩色珍珠

【線條刺繡的行進方向】

841
ECRU
— 金屬繡線

圖A →參見 P.37

圖B

珍珠要止縫固定2次。刺繡的
開始&結束都要先作點針繡
（．），待逐顆止縫固定3顆珍
珠後，回到起始點，再一次穿
縫固定3顆珍珠。

圖C

冬季天鵝
胸針

成品欣賞：*P. 15*
刺繡主體尺寸：長3cm×寬3.7cm

〔 材料 〕

{ 白天鵝 }
串珠・五金配件類
① 丸特小玻璃珠（H2916）金褐色鍍銀洞（#3）1.5mm　約25顆
② 丸特小玻璃珠（H2921）黑色（#401）1.5mm　約10顆
③ 3cut角珠（H2791）不透明白色（#402）2至2.2mm　約40顆
④ 放射花紋亮片（HC124）金色（#101）4mm　約25片
⑤ 邊孔亮片（H488/422）白色　8mm　約8片
⑥ 高級彩色珍珠（K251/8）白色　8mm　1顆
胸針五金（K508/G）金色　25mm　1個

其他
金屬繡線（HC151）金色（#3）
串珠繡線（K4570）白色（#1）…a／淺咖啡色（#4）…b／黑色（#12）…c

{ 黑天鵝 }
串珠・五金配件類
① 丸特小玻璃珠（H2915）水晶鍍銀洞（#1）1.5mm　約25顆
③ 3cut角珠（H2790）黑色（#401）2至2.2mm　約40顆
④ 放射花紋亮片（HC124）銀色（#100）4mm　約25片
⑤ 邊孔亮片（H457/422）黑色　8mm　約8片
⑥ 高級彩色珍珠（K251/8）白色　8mm　1顆
胸針五金（K508/S）銀色　25mm　1個

其他
金屬繡線（HC151）銀色（#1）
串珠繡線（K4570）白色（#1）…a／灰色（#3）…b／黑色（#12）…c

其他共通
歐根紗　白色　25cm正方形　1片
合成皮革　黑色　5cm正方形　各1片
不織布　黑色　厚5mm　5cm正方形　各1片

繡線
{ 白天鵝 }
25號繡線　310／BLANC　各1束
5號珍珠棉線　BLANC　1束
羊毛繡線　BLANC　1束
{ 黑天鵝 }
25號繡線　310／BLANC　各1束
5號珍珠棉線　310　1束
羊毛繡線　NOIR　1束

〔 作法 〕　實物大小圖案參見 P.63
❶ 參見【線條刺繡的行進方向】，以裂線繡繡出輪廓〔參見P.46〕。（25號繡線：白天鵝取BLANC・黑天鵝取310　1股）
❷ 白天鵝依鳥喙旁的箭頭方向（→）進行裂線繡〔參見P.46〕。（25號繡線：310　1股）
❸ 在鳥喙處不規則地繡上①〔參見P.38〕。（串珠繡線：白天鵝取b・黑天鵝取a　2股）
❹ 白天鵝要在步驟❷上方不規則地繡上②〔參見P.38〕。（串珠繡線c　2股）
❺ 頭部往脖子（■）（25號繡線：白天鵝取BLANC・黑天鵝310　6股）、胸部朝尾巴（■）（5號珍珠棉線　1股），依箭頭方向以長
　短針繡填繡〔參見P.46〕。
❻ 在翅膀下半部不規則地繡上①③〔參見P.38〕。（串珠繡線：白天鵝取a・黑天鵝取c　2股）
❼ 依箭頭方向（→）連續繡上④，完成翅膀上半部〔參見P.36〕。（串珠繡線b　1股）
❽ 以緞面繡〔參見P.46〕在步驟❻❼之間（■）填繡。（羊毛繡線　1股）
❾ 在離縫上❻稍遠處的步驟❽上方，逐片縫上⑤。（串珠繡線：白天鵝取a・黑天鵝取c　1股）
❿ 止縫固定⑥。（串珠繡線a　2股）
⓫ 在脖子到胸部之間的指定位置上，進行裂線繡〔參見P.46〕。（金屬繡線　1股）
⓬ 完成收邊處理後，與不織布＆合成皮革貼合，最後安裝上胸針五金。三片層疊的成品邊緣，再以毛毯繡（串珠繡線：白天鵝取a・黑
　天鵝取b　2股）縫合固定〔參見P.44至P.45〕。

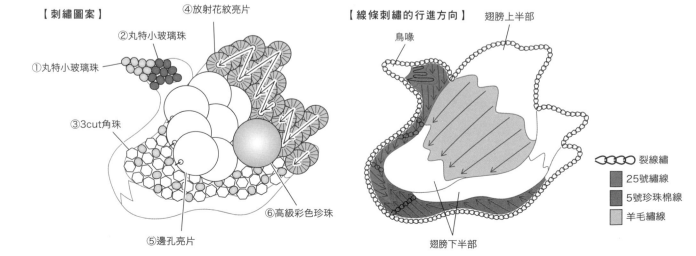

【刺繡圖案】
④放射花紋亮片
②丸特小玻璃珠
①丸特小玻璃珠
③3cut角珠
⑤邊孔亮片
⑥高級彩色珍珠

【線條刺繡的行進方向】
翅膀上半部
鳥喙
裂線繡
25號繡線
5號珍珠棉線
羊毛繡線
翅膀下半部

65

黑色＆米黃色橢圓

夾式耳環・髮夾

成品欣賞：  P. 16
刺繡主體尺寸：長2.1×寬1.6cm

〔材料〕

{ 米黃色 }

串珠・五金配件類
① 丸特小玻璃珠（H2916）金褐色鍍銀洞（#3）1.5mm　髮夾約40顆／夾式耳環約80顆
③ 邊孔亮片（H452/422）金色　8mm　髮夾3片／夾式耳環6片
④ 3cut角珠（H2791）不透明白色（#402）2至2.2mm　髮夾約40顆／夾式耳環約80顆
⑤ 高級彩色珍珠（K251/8）白色　8mm　髮夾1顆／夾式耳環2顆
夾式耳環五金（K1638-10/G）金色　黏貼用平盤10mm　1組
髮夾　金色　1個

其他
串珠繡線（K4570）白色（#1）…a／淺咖啡色（#4）…b
歐根紗　白色　25cm正方形　1片
合成皮革　黑色　長3×寬2cm　髮夾1片／夾式耳環2片

{ 黑色 }

串珠・五金配件類
① 丸特小玻璃珠（H2915）水晶鍍銀洞（#1）1.5mm　髮夾約40顆／夾式耳環約80顆
② 丸特小玻璃珠（H5740）水晶燒印雷射亮灰色（#174）1.5mm　髮夾約45顆／夾式耳環約90顆
③ 邊孔亮片（H457/422）黑色　8mm　髮夾3片／夾式耳環6片
⑤ 高級彩色珍珠（K251/8）白色　8mm　髮夾1顆／夾式耳環2顆
夾式耳環五金（K1638-10/S）銀色　黏貼用平盤10mm　1組
髮夾五金　金色　1個

其他
串珠繡線（K4570）白色（#1）…a／灰色（#3）…b／黑色（#12）…c
歐根紗　白色　25cm正方形　1片
合成皮革　黑色　長3×寬2cm　髮夾1片／夾式耳環2片

繡線
{ 米黃色 }
5號珍珠棉線　841　1束
{ 黑色 }
5號珍珠棉線　310　1束

〔作法〕　實物大小圖案參見 P.63
❶ 參見【刺繡圖案】，以單珠連續刺繡法〔參見圖A〕，沿圖案輪廓線繡上約40顆①。（串珠繡線a　2股）
❷ 將③止縫固定在步驟❶串珠底邊〔參見圖B〕。（串珠繡線：米黃色取b・黑色取c　1股）
❸ 在步驟❶串珠內側，進行捲線繡〔參見圖C〕。（5號繡線　1股）
❹ 在步驟❸內側預留縫上⑤的空隙後，米黃色款不規則地繡上約40顆④，黑色款不規則地繡上約45顆②〔參見P.38〕。
　（串珠繡線：米黃色取a・黑色取b　2股）
❺ 止縫固定⑤（串珠繡線a　2股）
❻ 完成收邊處理後，安裝夾式耳環五金＆髮夾〔P.44〕。

【刺繡圖案】

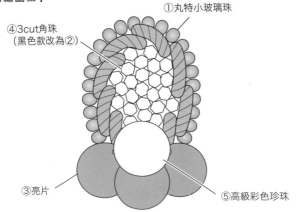

④3cut角珠
（黑色款改為②）

①丸特小玻璃珠

③亮片

⑤高級彩色珍珠

圖A →參見 P.37

圖B

先縫左右兩邊的亮片，再在兩者之間疊縫中央亮片。
皆縫2針加強固定。

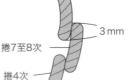

3mm

捲7至8次

捲4次

圖C →參見 P.46

第一段＆最後一段的捲線繡繞線4圈，其他皆
繞7至8圈。各段捲線繡的結束＆起始皆錯開重
疊3mm左右。

羽冠

夾式耳環・手鍊

成品欣賞：*P.* 17

刺繡主體尺寸：夾式耳環 長2×寬2.5cm

手鍊 長2.5×寬3.7cm

〔材料〕

{手鍊・夾式耳環}

串珠・五金配件類

① 丸特小玻璃珠（H2915）水晶鍍銀洞（#1）1.5mm　夾式耳環約60顆／手鍊約180顆

② 火焰拋光珍珠（K2052）灰色（#495）2mm　夾式耳環約6顆／手鍊5顆

③ 火焰拋光珍珠（K2052）白色（#491）2mm　夾式耳環約4顆／手鍊3顆

④ 放射花紋亮片（HC124）銀色（#100）4mm　各18片

⑤ 穿線亮片（HC114）白色（#220）圓平4mm　各16片

{夾式耳環}

夾式耳環五金（K1638-10/S）銀色　10mm　1組

{手鍊}

附延長鍊的彈簧扣套組（K4527/S）銀色　1組

（套組內容：彈簧扣1個・小單圈2個・延長鍊1個・夾線頭2個）

夾線頭（K526/S）銀色　2個

金屬串珠（擋珠）（K1648/S）銀色　4個

串珠鋼絲線（K4555）20cm　2條

其他共通

金屬繡線（HC151）銀色（#1）

串珠繡線（K4570）灰色（#3）

歐根紗　白色　25cm正方形　1片

合成皮革　黑色　3cm正方形　2片…夾式耳環

長3×寬4cm　1片…手鍊

繡線

5號珍珠棉線　524　1束

〔**夾式耳環的作法**〕　實物大小圖案參見P.63

❶ 參見圖A，在指定的輪廓線上進行裂線繡〔參見P.46〕。（金屬繡線　2股）

❷ 參見【刺繡圖案】，以①進行單珠連續刺繡法〔參見P.37〕，繡出正圓形。（串珠繡線　2股）

❸ 在圓內側以緊密繞3圈的法國結粒繡〔參見P.46〕進行填繡，表現出立體感。（5號珍珠棉線　1股）

❹ 直接在法國結粒繡上方止縫固定②③，共5顆〈單耳數量〉。（串珠繡線　2股）手鍊款則為8顆。

❺ 在半圓的下半段逐片縫上④〔參見圖B@〕（串珠繡線　2股）。

❻ 在半圓的上半段逐片縫上⑤〔參見圖B⑥〕（金屬繡線　2股）。請縫2針固定，清晰地展示出繡線顏色。

❼ 完成收邊處理後，安裝上夾式耳環五金〔參見P.44〕。

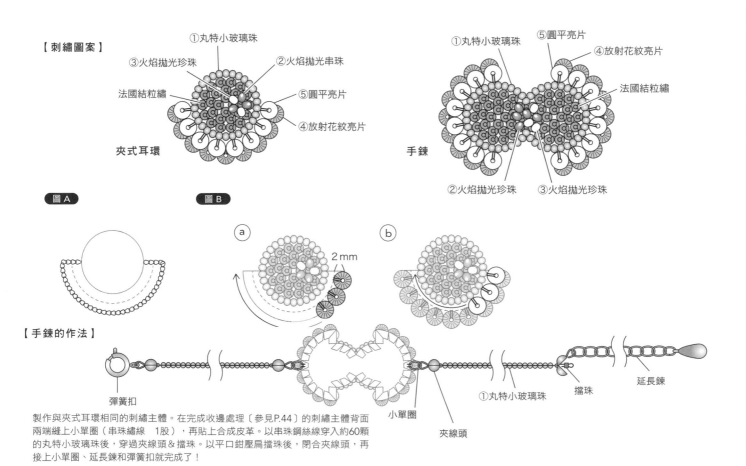

【刺繡圖案】

夾式耳環：①丸特小玻璃珠、③火焰拋光珍珠、法國結粒繡、②火焰拋光串珠、⑤圓平亮片、④放射花紋亮片

手鍊：①丸特小玻璃珠、⑤圓平亮片、④放射花紋亮片、法國結粒繡、②火焰拋光珍珠、③火焰拋光珍珠

圖A　圖B　@　2mm　⑥

【手鍊的作法】

彈簧扣　夾線頭　小單圈　①丸特小玻璃珠　擋珠　延長鍊

製作與夾式耳環相同的刺繡主體。在完成收邊處理〔參見P.44〕的刺繡主體背面兩端縫上小單圈（串珠繡線　1股），再貼上合成皮革。以串珠鋼絲線穿入約60顆的丸特小玻璃珠後，穿過夾線頭＆擋珠。以平口鉗壓扁擋珠後，閉合夾線頭，再接上小單圈、延長鍊和彈簧扣就完成了！

春風「蝴蝶＆葉子」

胸針

成品欣賞：*P*. 18
刺繡主體尺寸：蝴蝶 長4.3×寬4.5cm
　　　　　　　葉子 長6×寬3.5cm

〔 材料 〕

{ 蝴蝶 }

串珠・五金配件類
① 丸小玻璃珠（H5057）阿拉伯鍍銀洞著色（#577）2mm　約110顆
② 三角形串珠（TR1521）水晶洞染　5mm　5顆
③ 穿線亮片（HC104）珍珠AB（#4501）龜甲4mm　約95片
④ 穿線亮片（HC104）亮金色（#101L）龜甲4mm　約60片
胸針五金（K508/G）金色　25mm　1個
串珠繡線（K4570）象牙白（#2）／金色（#5）

{ 葉子 }

串珠・五金配件類
① 古董珠（DB1415）水晶琺瑯燒印　1.6mm　約80顆
② 丸特小玻璃珠（H5753）蜜桃鍍銀洞（#23）1.5mm　約100 顆
③ 螺旋管珠（TW2022）消光白玉燒印雷射淺咖啡色　2×12mm　22顆
④ 穿線亮片（HC104）珍珠AB（#4501）龜甲4mm　約15片
⑤ 穿線亮片（HC105）珍珠AB（#4501）龜甲5mm　約15片
⑥ 穿線亮片（HC114）透明白色AB（#200）圓平4mm　約20片
⑦ 穿線亮片（HC114）珍珠AB（#4501）圓平4mm　約25片
胸針五金（K508/G）金色　25mm　1個
蠶絲線1號（H4448）透明

其他共通
歐根紗　白色　25cm正方形　1片
合成皮革　銀色
　　6cm正方形　1片…蝴蝶
　　長7×寬5cm　1片…葉子

圖A →參見 P.37

圖C →參見 P.36

【刺繡圖案】

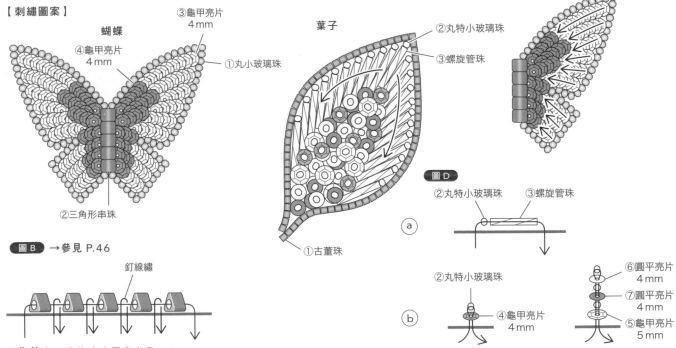

蝴蝶
④龜甲亮片 4mm
③龜甲亮片 4mm
①丸小玻璃珠
②三角形串珠

葉子
②丸特小玻璃珠
③螺旋管珠
①古董珠

圖D
ⓐ ②丸特小玻璃珠　③螺旋管珠

ⓑ ②丸特小玻璃珠　④龜甲亮片 4mm

⑥圓平亮片 4mm
⑦圓平亮片 4mm
⑤龜甲亮片 5mm

圖B →參見 P.46

釘線繡

〔 作法 〕・實物大小圖案參見 P.70

{ 蝴蝶 }
❶ 參見【刺繡圖案】，以雙珠連續刺繡法〔參見圖A〕，沿輪廓線繡上①。（串珠繡線：象牙白　2股）
❷ 在中央1針繡5顆②，串珠之間以釘線繡止縫固定〔參見圖B〕。（串珠繡線：象牙白　1股）
❸ 在翅膀連續繡上③〔參見圖C〕。（串珠繡線：象牙白　1股）
❹ 在③的內側連續繡上④〔參見圖C〕。（串珠繡線：金色　1股）
❺ 完成收邊處理後，安裝上胸針五金〔參見P.44〕。

{ 葉子 }
❶ 參見【刺繡圖案】，以雙珠連續刺繡法〔參見圖A〕，沿輪廓線繡上①。（蠶絲線　2股）
❷ 依②、③順序的組合繡法〔參見圖Dⓐ〕，從葉片的前端中央開始，先繡單側，再繡另一側。（蠶絲線　1股）
❸ 交替以④至⑦與②穿線，進行組合刺繡〔參見圖Dⓑ〕（蠶絲線　1股）。丸特小玻璃珠＆大小亮片的組合，可變化重疊2或3層，以營造出
　 高低感。
❹ 完成收邊處理後，安裝上胸針五金〔參見P.44〕。

流星的贈禮

胸針．耳針式耳環．小墜飾．戒指

成品欣賞：*P.* 19

刺繡主體尺寸：胸針＆小墜飾 長6×寬5.5cm

耳針式耳環＆戒指 長3.3×寬3cm

〔材料〕

{ 耳針式耳環．小墜飾 }

串珠．五金配件類
① 古董珠（DB630） 蛋白石鍍銀洞著色 1.6mm 耳針式耳環約60顆／胸針約45顆
② 古董珠（DB1457） 蛋白石鍍銀洞金屬燒印 1.6mm 耳針式耳環約40顆／胸針約45顆
③ 古董珠（DB1459） 蛋白石鍍銀洞金屬燒印 1.6mm 耳針式耳環約50顆／胸針約40顆
④ 3cut珍珠（J661） 白色 2至2.2mm 耳針式耳環約30顆／胸針約30顆
⑤ 特小六角串珠（HC18） 半透明（#511） 1.5mm 耳針式耳環約210顆／胸針約630顆

{ 胸針 }
胸針五金（K508/G） 金色 25mm 1個

{ 耳針式耳環 }
⑥ 附台座的施華洛世奇水鑽 粉紅色 14×10mm 2個
耳針式耳環五金（K2799/G） 金色 平盤5mm 1組
單圈（K538/G） 金色 0.6×4mm 4個

其他共通
串珠繡線（K4570） 象牙白（#2）／灰色（#3）
歐根紗 白色 25cm正方形 1片
合成皮革 黑色 7cm正方形 1片…胸針
4cm正方形 2片…耳針式耳環

繡線
25號繡線 BLANC 1束

〔作法〕

❶ 參見【刺繡圖案】，隨機搭配①至③三種顏色，沿圖案輪廓線進行單珠連續刺繡法〔參見P.37〕。（串珠繡線 1股）
❷ 將④不規則繡在圖案正中央的圓圈裡，在上頭再疊繡小面積的④〔參見圖A〕，作出立體感。（串珠繡線：象牙白 2股）
❸ 以釘線繡將繡線束止縫在圖案內側作為基底，將⑤穿過針線後，從距離最長的地方開始，由外往內縫1長針止縫固定〔參見圖B〕。
（串珠繡線：象牙白 2股）
❹ 完成收邊處理後，安裝上胸針五金〔參見P.44〕。
※耳針式耳環款依胸針步驟❶❷相同作法製作，但步驟❸不縫上繡線束，直接繡上⑤。完成收邊處理後，安裝上耳針五金〔參見P.44〕。
將單圈止縫固定在星星的邊角，與⑥連接在一起就完成了！

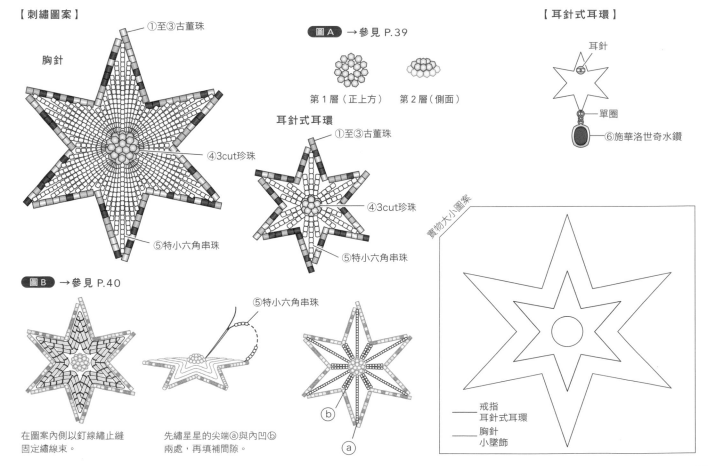

【刺繡圖案】

①至③古董珠

胸針

④3cut珍珠

⑤特小六角串珠

圖A → 參見 P.39

第1層（正上方） 第2層（側面）

耳針式耳環

①至③古董珠

④3cut珍珠

⑤特小六角串珠

【耳針式耳環】

耳針

單圈

⑥施華洛世奇水鑽

圖B → 參見 P.40

⑤特小六角串珠

ⓐ
ⓑ

在圖案內側以釘線繡止縫固定繡線束。

先繡星星的尖端ⓐ與內凹ⓑ兩處，再填補間隙。

實物大小圖案

戒指
耳針式耳環
胸針
小墜飾

〔材料〕

{ 小墜飾・戒指 }

串珠・五金配件類
① 細長管珠（H7164）不透明雷射（SLB464）1.3×3mm　小墜飾24顆／戒指36顆
③ 古董珠（DB1521）消光白金屬燒印AB　1.6mm　小墜飾3顆／戒指1顆
④ 古董珠（DBM221）阿拉伯銀洞　2.2mm　小墜飾5顆／戒指2顆
⑤ 特小六角串珠（HC11）#1　1.5mm　小墜飾5顆／戒指2顆
⑦ 亮片（HC124）銀色（#100）放射花紋4mm　小墜飾4片／戒指3片
⑧ 穿線亮片（HC114）透明白AB（#200）圓平4mm　小墜飾6片／戒指3片
　　　　　　　　　　珍珠AB（#4501）圓平4mm　小墜飾6片／戒指3片
⑨ 穿線亮片（HC105）珍珠AB（#4501）龜甲5mm　小墜飾4片／戒指1片
⑩ 穿線亮片（HC104）珍珠AB（#4501）龜甲4mm　小墜飾4片／戒指2片

{ 小墜飾 }
② 螺旋管珠（TW451）Gunmetal　2×12mm　12顆
⑥ 管珠（H6642）絲綢（#37）30mm　5條
⑪ 亮片（HC125）銀色（#100）放射花紋5mm　2片
⑫ 圓滑直孔珍珠（HC141/3）白色　3mm　3顆
單圈（K538/S）銀色　0.6×4mm　5個
9針（K456/S）銀色　0.7×15mm　1根
T針（K555/S）銀色　0.7×40mm　5根
包包墜鍊五金　銀色　1個

{ 戒指 }
附戒台戒指　銀色　1個

其他共通
串珠繡線（K4570）蒼白灰（#21）
歐根紗　白色　25cm正方形　1片
合成皮革　銀色
　7cm 正方形　1片…小墜飾
　4cm 正方形　1片…戒指

繡線
金蔥十字繡線　E168　1束

〔作法〕・實物大小圖案參見P.69

❶ 參見【刺繡圖案】，以串珠連續刺繡法〔參見P.37〕，沿圖案輪廓線繡上①②。（串珠繡線　1股）

❷ 在星星內側，逐顆繡上指定的亮片＆串珠（金蔥十字繡線　1股）。為了營造出光芒集中的效果，將亮片繡在中央，小串珠則放射狀地繡往星星尖端方向。

❸ 完成收邊處理後，安裝上墜鍊五金〔參見P.44〕。

　※戒指款與小墜飾相同，以①沿輪廓線刺繡。在內側縫上指定的亮片＆串珠。完成收邊處理後，安裝上戒指五金〔參見P.44〕。

【刺繡圖案】

小墜飾

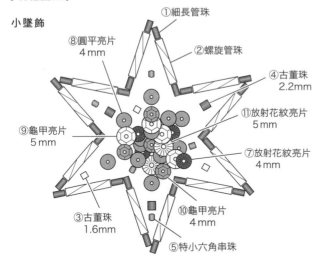

①細長管珠
②螺旋管珠
⑧圓平亮片 4mm
④古董珠 2.2mm
⑪放射花紋亮片 5mm
⑨龜甲亮片 5mm
⑦放射花紋亮片 4mm
③古董珠 1.6mm
⑩龜甲亮片 4mm
⑤特小六角串珠

戒指

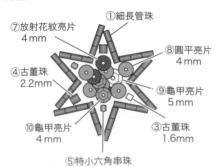

①細長管珠
⑦放射花紋亮片 4mm
⑧圓平亮片 4mm
④古董珠 2.2mm
⑨龜甲亮片 5mm
⑩龜甲亮片 4mm
③古董珠 1.6mm
⑤特小六角串珠

【小墜飾的作法】

T針
⑥管珠
④古董珠 2.2mm
單圈
9針
×2條
×3條
⑫圓滑直孔珍珠

將指定的串珠穿過T針，製作指定的條數。再依圖示將T針＆單圈連接在一起，穿過9針製成流蘇。

單圈

將流蘇串的9針直針端也彎小圓後，9針兩端小圓止縫在合成皮革上，單圈止縫在星星尖端。（串珠繡線　1股）

墜鍊五金配件

將墜鍊五金連接星星尖端的單圈，完成！

人魚之珠

髮夾．耳針式耳環

成品欣賞：$\mathcal{P}.20$
刺繡主體尺寸：髮夾 長5×寬4cm
耳針式耳環 直徑1.5cm

〔材料〕

{ 髮夾．耳針式耳環 }

串珠．五金配件類
① 圓滑直孔珍珠（HC141/5）白色 5mm 髮夾6顆／耳針式耳環4顆
② 三角形串珠（TR1124）水晶洞染 2.5mm 髮夾18顆／耳針式耳環4顆
③ 圓滑直孔珍珠（HC141）白色 3mm 髮夾15顆／耳針式耳環10顆
④ 3cut角珠（H5378）白色不透明水燒印雷射（#1297）2至2.2mm 髮夾10顆／耳針式耳環20顆
⑤ 扁圓隔片（FO151）米黃色 4mm 髮夾5顆／耳針式耳環6顆
⑥ 穿線亮片（HC114/3）白色透明AB（#200）圓平4mm 髮夾20片／耳針式耳環40片
⑦ 特小六角串珠（HC12）#3 1.5mm 髮夾16顆／耳針式耳環32顆
⑨ 管珠（K5126）金褐色鍍銀洞金（#3）6mm 髮夾7顆／耳針式耳環6顆

{ 髮夾 }
⑧ 附爪座施華洛世奇水鑽 10×5mm 3顆
⑩ 管珠（H62）金褐色鍍銀洞金（#3）1.5×3mm 2顆
髮夾（K576/G）金色 1個
緞帶 寬54mm ×長45cm 1條

{ 耳針式耳環 }
T針（K553/G）金色 0.7×20mm 6條
附單圈的台座 金色 12mm 2個
附水鑽的耳針 金色 1組

其他共通
串珠繡線（K4570）象牙白（#2）
歐根紗 白色 25cm正方形 1片

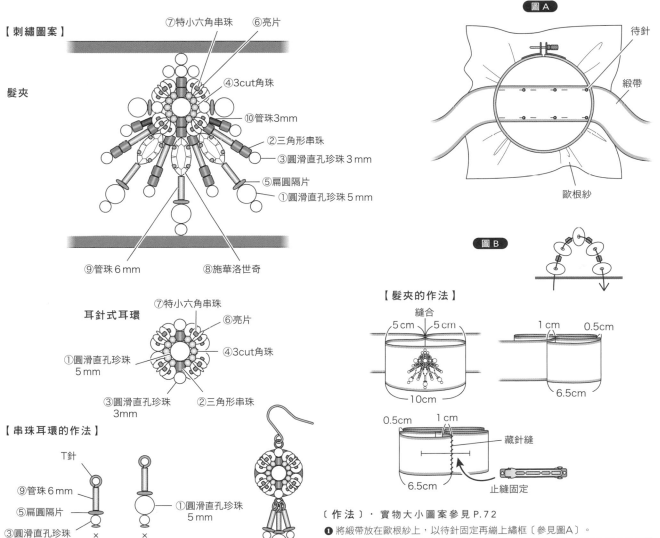

【刺繡圖案】

髮夾

⑦特小六角串珠　⑥亮片
④3cut角珠
⑩管珠3mm
②三角形串珠
③圓滑直孔珍珠 3mm
⑤扁圓隔片
①圓滑直孔珍珠 5mm
⑨管珠6mm　⑧施華洛世奇

耳針式耳環
⑦特小六角串珠　⑥亮片
①圓滑直孔珍珠 5mm
④3cut角珠
③圓滑直孔珍珠 3mm　②三角形串珠

【串珠耳環的作法】
T針
⑨管珠6mm
⑤扁圓隔片
③圓滑直孔珍珠 3mm
①圓滑直孔珍珠 5mm
×2條　×1條

※耳針式耳環先並縫固定①至④，以⑥⑦進行組合繡〔參見圖B〕後，將刺繡主體縫在台座五金上〔參見P.45〕。再將指定的串珠穿過T針，製作指定的條數。最後以圓嘴鉗將T針的直針端彎圓，與台座五金的圓環連接在一起，耳針式耳環就完成了！

圖A
待針
緞帶
歐根紗

圖B

【髮夾的作法】
縫合
5cm　5cm
10cm
1cm　0.5cm
6.5cm
0.5cm　1cm
藏針縫
6.5cm
止縫固定

〔作法〕．實物大小圖案參見 P.72
❶ 將緞帶放在歐根紗上，以待針固定再繃上繡框〔參見圖A〕。
❷ 參見【刺繡圖案】，在圖案中央縫繡①至⑩，再以⑥⑦進行組合繡〔參見圖B〕。（串珠繡線 2股）
❸ 移除繡框，翻到背面。歐根紗外圍保留15mm，剪掉多餘部分，以三摺邊止縫收邊。（串珠繡線 1股）
❹ 依指定的尺寸摺疊緞帶＆縫合固定後，在中央止縫固定髮夾就完成了！（串珠繡線 1股）

華麗的吊燈

耳針式耳環

成品欣賞：*P.* 21
刺繡主體尺寸：直徑3cm

〔 材料 〕

串珠・五金配件類
① DiamonDuo串珠（FO133） 白色輕巧珍珠　5×8mm　6顆
② 特小六角串珠（HC18） 半透明白（#511）1.5mm　6顆
③ 管珠（H61） 水晶鍍銀洞（#1）3mm　6顆
④ 亮片（HC124） 銀色（#100）放射花紋4mm　2片
⑤ 古董珠（DBM221） 阿拉伯鍍銀銀洞　2.2mm　8顆
⑥ 穿線亮片（HC104） 珍珠AB（#4501）龜甲4mm　6片
⑦ 古董珠（DBS252） 白不透明金雷霧灰　1.3mm　52顆
⑧ 亮片（HC125） 銀色（#100）放射花紋5mm　約120片
⑨ 勾玉串珠（MA2136） 水晶AB金屬燒印　4mm　10顆
⑩ 穿線亮片（HC105） 珍珠AB（#4501）龜甲5mm　約60片
耳針式耳環五金（K2799/S）銀色　1組

其他
串珠繡線（K4570） 蒼白灰（#21）
絨面皮革布（厚）25cm正方形　1片⋯正面用
歐根紗　白色　25cm正方形　1片⋯背面用

〔 作 法 〕

❶ 將正面用的絨面皮革布繃上繡框。參見【刺繡圖案】，
　依序縫上①至⑨（串珠繡線　2股），⑦為單珠連續刺繡
　〔參見P.37〕，⑥為亮片連續繡〔參見P.36〕。

❷ 將背面用的歐根紗繃上繡框。沿外輪廓線逐片繡上⑧，
　再在內側以⑧⑩隨機配色進行亮片連續繡〔參見P.36〕。
　（串珠繡線　1股）

❸ 安裝耳針式耳環五金。

【 耳針式耳環的安裝方法 】

【 刺繡圖案 】

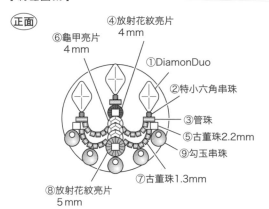

正面
⑥龜甲亮片 4mm
④放射花紋亮片 4mm
①DiamonDuo
②特小六角串珠
③管珠
⑤古董珠2.2mm
⑨勾玉串珠
⑦古董珠1.3mm
⑧放射花紋亮片 5mm

背面
⑧放射花紋亮片 5mm
⑩龜甲亮片 5mm

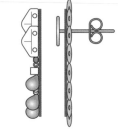

將完成收邊處理〔參見P.44〕的
背面用歐根紗穿過耳針的針、沿
圖案輪廓線修剪絨面皮革布，再
將兩者貼合在一起。

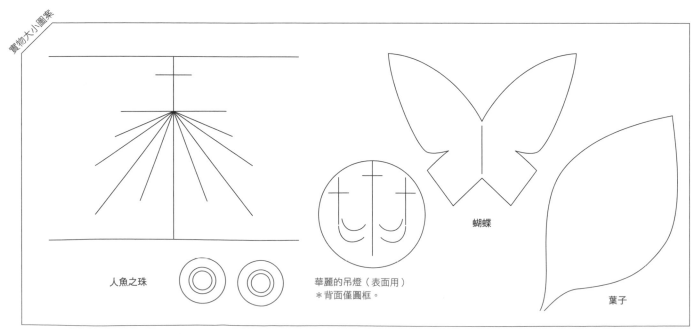

實物大小圖案

人魚之珠

華麗的吊燈（表面用）
＊背面僅圓框。

蝴蝶

葉子

白色幸運草

帽針‧頸鍊

成品欣賞：*P. 22*
刺繡主體尺寸：幸運草 長2.8×寬2.8cm
　　　　　　　圓 直徑2.2cm

〔 材料 〕

{ 帽針‧頸鍊 }

串珠‧五金配件類
① 特小六角串珠（HC11） 銀色（#1） 1.5mm　帽針約70顆／頸鍊約170顆
② 水鑽（K428） 水晶（#1） 10×6 mm　帽針4顆／頸鍊12顆
③ 圓滑直孔珍珠（HC141/3） 白色　3mm圓　帽針28顆／頸鍊82顆

{ 帽針 }
平盤黏貼型帽針（K2525/S） 銀色　10mm　1組

{ 頸鍊 }
造型圈　銀色　8.5mm　5個
造型圈　銀色　6.5mm　18個
頸鍊　銀色　1組
擋珠帽　銀色　4mm　2個

其他共通
串珠繡線（K4570） 白色（#1）
歐根紗　白色　25cm正方形　1片
合成皮革　4cm正方形　各1片…帽針＆頸鍊
　　　　　3cm正方形　2片…頸鍊

〔 幸運草的作法 〕

❶ 參見【刺繡圖案】，以雙珠連續刺繡法〔參見圖A〕，沿圖案輪廓線繡上①。
　（串珠繡線　2股）
❷ 將②止縫固定2次〔參見P.41〕。（串珠繡線　2股）
❸ 在②的頂點處，先各縫1顆③，再在②的左右縫上其餘珍珠。（串珠繡線　2股）
❹ 在②之間、③的上方，疊繡1顆③。〔參見圖B〕
❺ 完成收邊處理後，分別安裝上帽針＆頸鍊。〔參見P.44〕
　※圓形款，也依步驟❶❷相同作法縫繡，再在②之間逐顆縫上③。

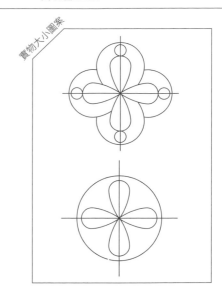

實物大小圖案

圖A → 參見 P.37

【刺繡圖案】

圓

幸運草

①特小六角串珠

②水鑽

③圓滑直孔珍珠

①特小六角串珠

③圓滑直孔珍珠

②水鑽

圖B

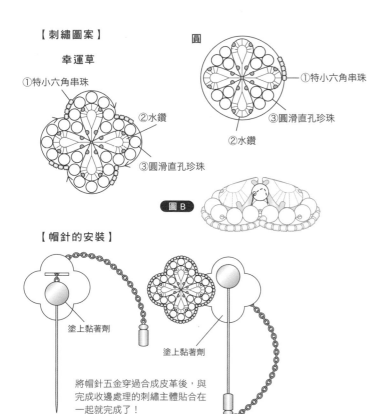

【帽針的安裝】

塗上黏著劑

塗上黏著劑

將帽針五金穿過合成皮革後，與
完成收邊處理的刺繡主體貼合在
一起就完成了！

【頸鍊的安裝】

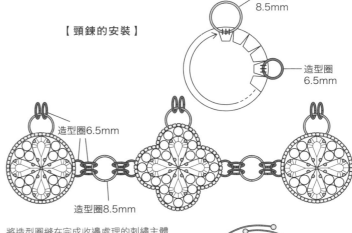

造型圈
8.5mm

造型圈
6.5mm

造型圈6.5mm

造型圈8.5mm

將造型圈縫在完成收邊處理的刺繡主體
上（串珠繡線　1股），再以造型圈連
接3個刺繡主體。

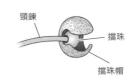

頸鍊

擋珠

擋珠帽

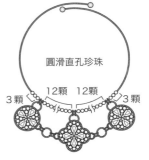

圓滑直孔珍珠

12顆　12顆

3顆　　　　3顆

將圓滑直孔珍珠＆刺繡主體穿過頸鍊。在頸鍊兩端多塗一些黏著劑，穿入項鍊的
擋珠後，夾合擋珠帽就完成了！

73

百合徽章

小墜飾

成品欣賞：*P. 23*
刺繡主體尺寸：長6×寬5.5cm

〔材料〕

{ A }

串珠・五金配件類

① 特小六角串珠（HC16）深藍玉蟲色（#452）1.5mm　約450顆
② 特小六角串珠（HC11）銀色（#1）1.5mm　約55顆
③ 圓滑直孔珍珠（HC145/3）灰色　3mm圓　36顆
④ 圓滑直孔珍珠（HC145/5）灰色　5mm圓　6顆
⑤ 方角金屬絲管（HC161）銀色　適量

造型圈　銀色　15mm　1個
單圈　銀色　3mm　1個
龍蝦釦　銀色　1個
包包墜鍊五金　銀色　1個

其他

串珠繡線（K4570）丹寧藍（#17）…a／灰色（#3）…b
歐根紗　白色　25cm正方形　1片
合成皮革　黑色　7cm正方形　1片
不織布　白色　4cm正方形　1片

{ B }

串珠・五金配件類

① 特小六角串珠（HC12）金色（#3）1.5mm　約390顆
② 特小六角串珠（HC11）銀色（#1）1.5mm　約55顆
③ 圓滑直孔珍珠（HC141/3）白色　3mm圓　36顆
④ 圓滑直孔珍珠（HC141/5）白色　5mm圓　6顆
⑤ 方角金屬絲管（HC161）銀色　適量
⑥ 方角金屬絲管（HC162）金色　適量

造型圈　金色　15mm　1個
單圈　金色　3mm　1個
龍蝦釦　金色　1個
包包墜鍊五金　金色　1個

其他

串珠繡線（K4570）金色（#5）…a／白色（#1）…b
歐根紗　白色　25cm正方形　1片
合成皮革　白色　7cm正方形　1片
不織布　白色　4cm正方形　1片

【刺繡圖案】

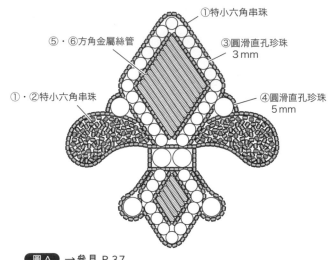

① 特小六角串珠
⑤・⑥方角金屬絲管
③圓滑直孔珍珠 3mm
①・②特小六角串珠
④圓滑直孔珍珠 5mm

〔作法〕・實物大小圖案參見 P.77

❶ 參見【刺繡圖案】，以雙珠連續刺繡法〔參見圖A〕，沿圖案輪廓線繡上①。（串珠繡線a　2股）
❷ 以單珠連續刺繡法〔參見P.37〕繡上③。（串珠繡b　2股）
❸ 依圖示逐顆繡上④。（串珠繡線b　2股）
❹ 在圖案內側黏貼不織布基底。B作品要將剪成1.7至1.8cm長度的⑤⑥交替縫繡在不織布基底上〔B作品參見P.39，A作品則參見圖B〕。（串珠繡線：B作品取a・A作品取b　2股）
❺ 以3顆①的組合繡法〔參見P.41〕進行填繡，再將針線穿過①，疊繡上1顆②〔參見圖C〕。（串珠繡線b　2股）
❻ 完成收邊處理後，安裝上墜鍊五金〔參見P.44〕。

圖C

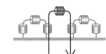

圖A → 參見 P.37

Start

依箭頭方向繡上特小六角串珠。

圖B

A作品先止縫固定1條方角金屬絲管，再以針線穿過數顆特小六角串珠（串珠繡線a　2股），確認長度後渡線止縫固定。

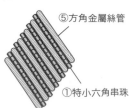

⑤方角金屬絲管
①特小六角串珠

【墜飾五金的安裝】

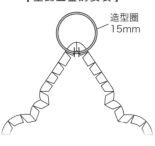

造型圈 15mm

在刺繡主體的邊緣縫上造型圈（串珠繡線a　2股）。

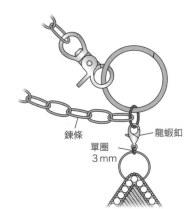

鍊條
龍蝦釦
單圈 3mm

貼上合成皮革後，以單圈連接造型圈＆龍蝦釦，再將包包墜鍊五金＆龍蝦釦接在一起就完成了！

鮮艷的色彩

胸針 · 髮夾

成品欣賞：*P.* 24
刺繡主體尺寸：髮夾 長2×寬6.5cm
　　　　　　 胸針 直徑3.3cm

〈色號讀法：「／」右邊是A作品，左邊是B作品。〉

〔材料〕

{髮夾 · 胸針}
串珠・五金配件類
① 放射花紋亮片（HC124） 金色（#101）／銀色（#100） 4mm　胸針各16片／髮夾各16片
② 特小六角串珠（HC12） 金色（#3）／（HC11）銀色（#1） 1.5mm　胸針各約55顆／髮夾各約60顆

{胸針}
包釦式胸針五金　金色／銀色　30mm　各1個

{髮夾}
包釦式髮夾五金　金色／銀色　1.2×6.2cm　各1個

其他共通
串珠繡線（K4570）金色（#5）／灰色（#3）
歐根紗　白色　25cm正方形　1片

繡線
段染繡線　4210／4025　1束
金蔥十字繡線　E815／E317　1束
人造絲繡線　S899／S800　1束

【刺繡圖案】

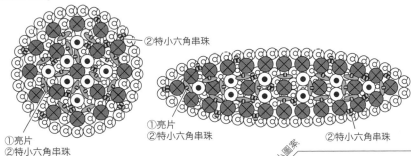

②特小六角串珠

①亮片
②特小六角串珠

①亮片
②特小六角串珠

②特小六角串珠

Ⓒ 段染繡線・繞2圈的法國結粒繡

⊗ 金蔥十字繡線・德國結粒繡

⊙ 人造絲繡線・繞2圈的法國結粒繡

實物大小圖案

圖A → 參見 P.41

ⓐ
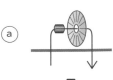

ⓑ
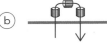

〔作法〕

❶ 參見【刺繡圖案】，沿輪廓線繡上繞2圈的法國結粒繡〔參見P.46〕，但線不要拉緊，作出蓬鬆的法國結粒繡。（段染繡線　6股）
❷ 在⊗處繡上德國結粒繡〔參見P.46〕。（金蔥十字繡線　6股）
❸ 在⊙繡上繞2圈的法國結粒繡。（人造絲繡線　6股）
❹ 以①②進行組合繡〔參見圖Aⓐ〕，並使①靠往法國結粒繡。
❺ 以繞2圈的法國結粒繡填滿空隙。（段染繡線　6股）
❻ 檢視整體的平衡感，加上3顆②的組合繡〔參見圖Aⓑ〕。（串珠繡線　2股）
❼ 與包釦五金貼合，再安裝上胸針＆髮夾五金〔參見P.45〕。

緞帶

胸針

成品欣賞：*P.* 25
刺繡主體尺寸：A & B 直徑 2.5cm

〔材料〕

{A}
串珠・五金配件類
① 丸特小玻璃珠（H5160） 白色（#511） 1.5mm　約230顆
② 管珠（HC3） 銀色（#1S.H.） 2分竹1.7×6mm　60顆
③ 火焰拋光珍珠（K2052/#495） 珍珠灰　2mm　20顆
天鵝絨緞帶（H441） 黑色（#3） 寬1.2cm×長25cm　1條
網片式胸針五金（K504/S） 銀色　24mm　1組

其他
串珠繡線（K4570）灰色（#3）
歐根紗　白色　25cm正方形　1片

{B}
串珠・五金配件類
① 丸特小玻璃珠（HC12） 金色（#3） 1.5mm　約200顆
② 管珠（HC4） 金色（#3S.H.） 2分竹1.7×6mm　60顆
③ 火焰拋光珍珠（K2052/#493） Cultra　2mm　20顆
歐根紗緞帶（H441） 粉紅色　寬4cm×長50cm　1條
網片式胸針五金（K504/G） 金色　24mm　1組

其他
串珠繡線（K4570）金色（#5）
歐根紗　白色　25cm正方形　1片

【刺繡圖案】

①丸特小玻璃珠（A作品）

①特小六角串珠
（B作品）

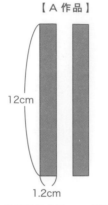

胸針的爪扣

在圖案的輪廓線內側進行雙珠連續刺繡〔參見圖A〕。（串珠繡線2股）

【A作品】

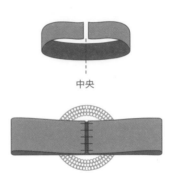

12cm

1.2cm

將緞帶剪成12cm×2條。

中央

將兩端內摺，接合處放在圓中心，先止縫一條緞帶（串珠繡線　2股）。

以相同作法，呈十字形疊上另一條緞帶，並止縫固定。

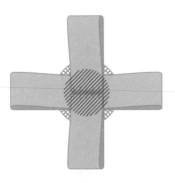

中央20條

周圍40條

在直徑2cm的圓圈裡，以②、③、①進行組合繡〔參見圖B〕。中央依②、③、①的順序，周圍依②、①的順序穿線；從中央開始，不留空隙地緊密刺繡。（串珠繡線　2股）

安裝網片式胸針〔參見P.45〕。

【B作品】

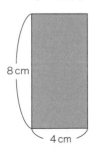

8cm

4cm

5mm

將緞帶剪成8cm×6條。

2cm

將3條對摺的緞帶疊接在一起，縮縫至2cm（串珠繡線2股）。

縫上完成縮縫過的三重緞帶。其餘3條緞帶，也依相同作法縮縫後止縫固定（串珠繡線　2股）。

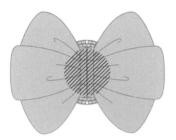

同A作品，在直徑2cm的圓圈內，以②、③、①進行組合繡〔參見圖B〕。最後安裝上網片式胸針〔參見P.45〕就完成了！

圖A
→參見 P.37

圖B

③火焰拋光珍珠

①特小六角串珠
丸特小玻璃珠

②管珠

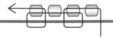

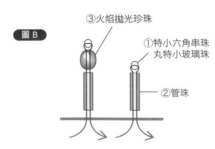

實物大小圖案

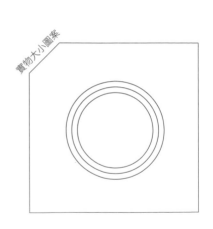

76

愛心
胸針

成品欣賞： *P.* 25
刺繡主體尺寸：C 長3×寬3cm
　　　　　　　D 長4×寬4.3cm

〔材料〕

{ C }

串珠‧五金配件類
① 特小六角串珠（HC12） 金色（#3） 1.5mm　約70顆
⑤ 放射花紋亮片（HC123） 金色（#101） 3mm　約75片
⑥ 方角金屬絲管（HC162） 金色　適量
胸針五金（K508/G） 金色　1個

其他
串珠繡線（K4570） 金色（#5）
歐根紗　白色　25cm正方形　1片
合成皮革　白色　4cm正方形　1片

{ D }

串珠‧五金配件類
① 特小六角串珠（HC16） 深藍玉蟲色（#452） 1.5mm　約190顆
② 圓滑直孔珍珠（HC145/4） 灰色　4mm圓　26顆
③ 附縫孔爪鑽（K875） 水晶（#1） 6.32至6.5mm　1顆
④ 圓滑直孔珍珠（HC145/5） 灰色　5mm圓　4顆
⑤ 放射花紋亮片（HC124） 銀色（#100） 放射狀4mm　19片
⑥ 方角金屬絲管（HC161） 銀色　適量
胸針五金（K508/S） 銀色　1個

其他
串珠繡線（K4570） 灰色（#3）／丹寧藍（#17）
歐根紗　白色　25cm正方形　1片
合成皮革　黑色　5cm正方形　1片

圖A → 參見 P.37

圖B

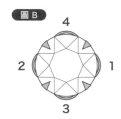 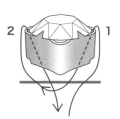

針落在爪鑽正下方，止縫固定。

圖C

每一次的刺繡開始＆結束都要作點針繡。作結束的點針繡之前要先拉線收緊，以免金屬絲管繡得太鬆弛。

【刺繡圖案】

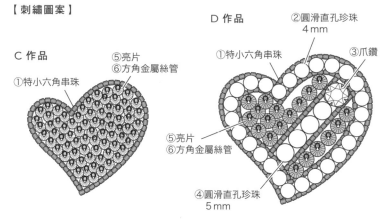

C 作品
①特小六角串珠
⑤亮片
⑥方角金屬絲管

D 作品
②圓滑直孔珍珠 4 mm
①特小六角串珠
③爪鑽
⑤亮片
⑥方角金屬絲管
④圓滑直孔珍珠 5 mm

〔D 作 品 的 作 法〕
❶ 參見【刺繡圖案】，以雙珠連續刺繡法〔參見圖A〕，沿圖案輪廓線繡上①。
　（串珠繡線：丹寧藍　2股）
❷ 以單珠連續刺繡法〔參見P.37〕繡上②。（串珠繡線：灰色　2股）
❸ 將③止縫固定2次〔參見圖B〕。（串珠繡線：灰色　2股）
❹ 逐顆縫上④（串珠繡線：灰色　2股）
❺ 將⑥剪下約6mm的長度×適量數量。依⑤、⑥的順序穿線進行組合繡，使⑥呈
　現倒U字形〔參見圖C〕。（串珠繡線：灰色　2股）
❻ 完成收邊處理後，安裝上胸針五金〔參見P.44〕。
　※C作品與D作品相同，先以①連續刺繡出輪廓線，再以⑤⑥（長度5mm）密
　　集填滿空間（串珠繡線　2股）。每次結束時皆以點針繡固定。完成收邊處理
　　後，安裝上胸針五金〔參見P.44〕。

實物大小圖案

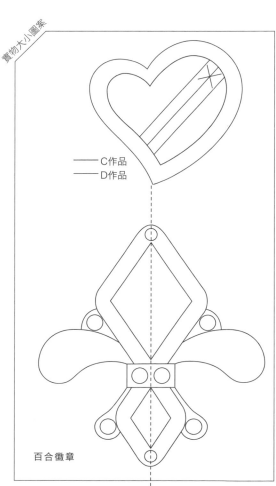

—— C作品
—— D作品

百合徽章

四瓣花

胸針

成品欣賞： *P.* 26

刺繡主體尺寸：長5.7×寬5.7cm

〔材料〕

{ A }

串珠‧五金配件類

①MC爪鑽（K4881）水晶（#1）3.8至4mm　1顆
②造型水鑽‧附縫孔爪座（K427）8×4mm　4顆
③捷克玻璃珍珠　棕金色　3mm　約29顆
④古董珠（DB1832）金色　1.6mm　約180顆
⑤特小六角串珠（HC18）半透明白（#511）1.5mm　約410顆
胸針五金（K558/G）金色　1個

其他

串珠繡線（K4570）象牙白（#2）…a／金色（#5）…b
歐根紗　白色　25cm正方形　1片
不織布　駝色　7cm正方形　1片

{ B }

串珠‧五金配件類

①MC爪鑽（K4881）水晶（#1）3.8至4mm　1顆
②造型水鑽‧附縫孔爪座（K427）8×4mm　14顆
③捷克玻璃珍珠　純淨白　3mm　約29顆
④古董珠（DB1831）Duracoat外銀著色　1.6mm　約180顆
⑤特小六角串珠（HC13）黑色（#401）1.5mm　約410顆
胸針五金（K558/S）銀色　1個

其他

串珠繡線（K4570）象牙白（#2）…a／黑色（#12）…b
歐根紗　白色　25cm 正方形　1片
不織布　黑色　7cm 正方形　1片

{ C }

串珠‧五金配件類

①MC爪鑽（K4881）水晶（#1）3.8至4mm　1顆
②造型水鑽‧附縫孔爪座（K427）8×4mm　4顆
③捷克玻璃珍珠　傳統玫瑰　3mm　約29顆
④古董珠（DB1832）金色　1.6mm　約180顆
⑤特小六角串珠（HC13）黑色（#401）1.5mm　約410顆
胸針五金（K558/G）金色　1個

其他

串珠繡線（K4570）金色（#5）…a／黑色（#12）…b
歐根紗　白色　25cm正方形　1片
不織布　黑色　7cm 正方形　1片

{ D }

串珠‧五金配件類

①MC爪鑽（K4881）水晶（#1）3.8至4mm　1顆
②造型水鑽‧附縫孔爪座（K427）8×4mm　4顆
③捷克玻璃珍珠　金屬銀　3mm　約29顆
④古董珠（DB1831）Duracoat外銀著色　1.6mm　約180顆
⑤特小六角串珠（HC18）半透明白（#511）1.5mm　約410顆
胸針五金（K558/S）銀色　1個

其他

串珠繡線（K4570）象牙白（#2）…a
歐根紗　白色　25cm正方形　1片
不織布　白色　7cm 正方形　1片

〔作法〕

❶ 參見【刺繡圖案】，在中央止縫固定①〔參見P.41〕。（串珠繡線a　2股）
❷ 止縫固定②〔參見圖A〕。（串珠繡線a　2股）
❸ 在②的周圍，以③進行單珠連續刺繡〔參見圖B〕。（串珠繡線a　2股）
❹ 以④進行單珠連續刺繡〔參見P.37〕，繡出花瓣的輪廓。（串珠繡線a　2股）
❺ 以⑤填繡花瓣內側〔參見圖D〕。（串珠繡線：D作品取a，其他取b　2股）
❻ 完成收邊處理後，裝上胸針五金〔參見P.44〕。

實物大小圖案

【刺繡圖案】

⑤特小六角串珠
④古董珠
②水鑽
③捷克玻璃珍珠
①MC爪鑽

圖A
→參見 P.41

4　3
2　1
d　c
b

以點針繡移動至下一個
水鑽位置，依ⓐ至ⓓ的
順序止縫固定。

圖B
→參見 P.37

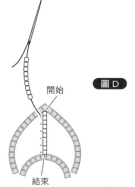

依箭頭方向，逐顆
縫上捷克玻璃珍
珠。

開始
結束

將特小六角串珠穿過線到一定長度後，
渡線止縫固定。再以點針繡（‧‧）回到
花瓣尖端。

圖D

繡上中央線後，先繡
單側半邊，再繡另一
半邊。

橢圓形的鑽石

項鍊

成品欣賞：*P.* 27
刺繡主體尺寸：長6×寬4.5cm

〔 材料 〕

{ A }

串珠・五金配件類

① 古董珠（DB251）白不透明金雷射AB黑灰　1.6mm　約220顆

② 放射花紋亮片（HC123）銀色（#100）3mm　約120片

③ 造型水鑽・附縫孔爪座（K430）6×4mm　9顆

鍊條（K1507/S）銀色　50cm　1條

磁扣頭（K4692/S）銀色　1組

小單圈（K543/S）銀色　0.6×3×4mm　2個

其他

串珠繡線（K4570）灰色（#3）

羅紋緞帶　寬6mm×長5cm　1條

歐根紗　白色　25cm正方形　1片

不織布　水藍色　長7×寬6cm　1片

{ B }

串珠・五金配件類

① 古董珠（DB1504）白不透明金屬燒印AB　1.6mm　約220顆

② 放射花紋亮片（HC123）金色（#101）3mm　約120片

③ 造型水鑽・附縫孔爪座（K430）6×4mm　9顆

鍊條（K1507/G）金色　50cm　1條

磁扣頭（K4692/G）金色　1組

小單圈（K543/G）金色　0.6×3×4mm　2個

其他

串珠繡線（K4570）蜜桃（#19）

羅紋緞帶　寬6mm×長5cm　1條

歐根紗　白色　25cm正方形　1片

不織布　粉紅色　長/×寬6cm　1片

繡線

{ A }

25號繡線　3747　1束

{ B }

25號繡線　225　1束

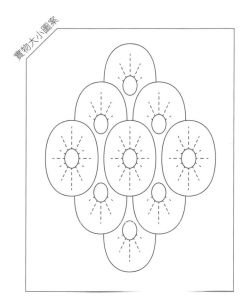

實物大小圖案

圖A → 參見 P.37

〔 作法 〕

❶ 參見【刺繡圖案】，沿圖案輪廓線，以①進行單珠連續刺繡〔參見圖A〕。（串珠繡線　1股）

❷ 參見【線條刺繡的行進方向】，依箭頭方向進行長短針繡〔參見P.46〕。（25號繡線　4股線）

❸ 在橢圓&半圓內連續繡上②〔參見P.36〕。（串珠繡線　1股）

❹ 縫上③〔參見P.41〕。（串珠繡線　2股）

❺ 完成收邊處理後，接上項鍊〔參見P.44〕。

【刺繡圖案】

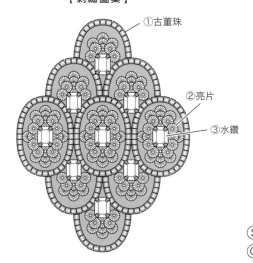

①古董珠

②亮片

③水鑽

【線條刺繡的行進方向】

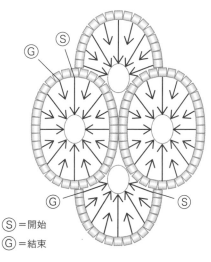

Ⓢ=開始

Ⓖ=結束

【項鍊】

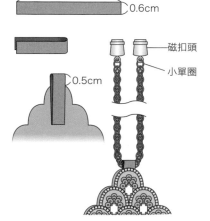

5cm

0.6cm

0.5cm

磁扣頭

小單圈

將對摺的緞帶置於不織布中央的頂端，貼合刺繡主體&不織布。鍊條穿過緞帶圈，在鍊條兩端接上小單圈，再接上磁扣頭就完成了！

方正的光輝
夾式耳環

成品欣賞：𝒫.28
刺繡主體尺寸：長3.6×寬3.6cm

〔材料〕

{A}
串珠・五金配件類
① 丸特小玻璃珠（H2915）水晶鍍銀洞（#1）1.5mm　約550顆
② 圓滑直孔珍珠（HC141/4）白色　4mm　26顆
③ 方角金屬絲管（HC161）銀色　10至20cm　1條
④ 水鑽・附縫孔爪座（K861）祖母綠（#7）3至3.2mm　24顆
夾式耳環五金（K1638-10/S）銀色　10mm　1組

他
串珠繡線（K4570）象牙白（#2）
歐根紗　白色　25cm正方形　1片
不織布　白色　5cm正方形　2片

{B}
串珠・五金配件類
① 丸特小玻璃珠（H2915）水晶鍍銀洞（#1）1.5mm　約550顆
② 圓滑直孔珍珠（HC145/4）灰色　4mm　26顆
③ 方角金屬絲管（HC161）銀色　10至20cm　1條
④ 水鑽・附縫孔爪座（K861）暹羅（#5）3至3.2mm　24顆
夾式耳環五金（K1638-10/S）銀色　10mm　1組

其他
串珠繡線（K4570）象牙白（#2）
歐根紗　白色　25cm正方形　1片
不織布　白色　5cm正方形　2片

{C}
串珠・五金配件類
① 丸特小玻璃珠（H2916）金褐鍍銀洞金（#3）1.5mm　約550顆
② 圓滑直孔珍珠（HC144/4）米黃色　4mm　26顆
③ 方角金屬絲管（HC162）金色　10至20cm　1條
④ 水鑽・附縫孔爪座（K861）水晶（#1）3至3.2mm　24顆
夾式耳環五金（K1638-10/G）金色　10mm　1組

其他
串珠繡線（K4570）象牙白（#2）
歐根紗　白色　25cm正方形　1片
不織布　駝色　5cm正方形　2片

〔作法〕
❶ 參見【刺繡圖案】，以雙珠連續刺繡法〔參見P.37〕，沿圖案輪廓線繡上①。（串珠繡線　1股）
❷ 參見【珍珠＆金屬絲管的刺繡方向】圖a，依箭頭方向逐顆繡上②。移動到下一個位置時，
　將針目藏在步驟❶繡好的串珠底下。（串珠繡線　2股）
❸ 將③剪成長3mm×16條。參見圖a走縱向止縫固定，再依圖b走橫向止縫固定（串珠繡線　2股）。
　移動到下一個位置時，將針目藏在步驟❶❷繡好的串珠底下，再繼續進行。
❹ 止縫固定④〔參見圖A〕。（串珠繡線　2股）
❺ 將①逐顆縫在④的四周。（串珠繡線　1股）
❻ 完成收邊處理後，安裝夾式耳環五金〔參見P.44〕。

【刺繡圖案】

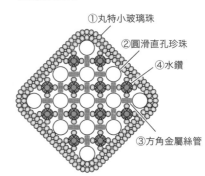

①丸特小玻璃珠
②圓滑直孔珍珠
④水鑽
③方角金屬絲管

圖A → 參見 P.41

以點針繡（・・）移動到下一個位置。

【珍珠＆金屬絲管的刺繡方向】

a　　　b

實物大小圖案

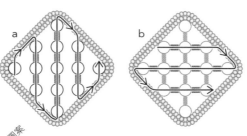

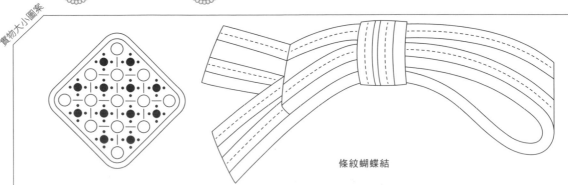

條紋蝴蝶結

條紋蝴蝶結

髮插

成品欣賞：*P.* 29
刺繡主體尺寸：長 4.2× 寬 9.4cm

〔 材料 〕

【 A 】

串珠・五金配件類
① 特小六角串珠（HC15）Gunmetal（#451）1.5mm　約550顆
② 3cut珍珠（J664）米黃色 2至2.2mm　約100顆
③ 放射花紋亮片（HC123）Gunmetal（#112）3mm　約180片
髮插　15針（K511/S）銀色　1個

其他
串珠繡線（K4570）淺咖啡色（#4）…a／丹寧藍（#17）…b
歐根紗　白色　25cm正方形　1片
不織布　黑色　長5×寬11cm　1片

【 B 】

串珠・五金配件類
① 特小六角串珠（HC17）焦金褐色（#457）1.5mm　約550顆
② 3cut珍珠（J664）米黃色 2至2.2mm　約100顆
③ 放射花紋亮片（HC123）金色（#101）3mm　約180片
髮插　15齒（K511/G）金色　1個

其他
串珠繡線（K4570）淺咖啡色（#4）…a／黑棕色（#6）…b
歐根紗　白色　25cm正方形　1片
不織布　駝色　長5×寬11cm　1片

【 C 】

串珠・五金配件類
① 特小六角串珠（HC11）水晶鍍銀洞銀（#1）1.5mm　約550顆
② 3cut珍珠（J661）白色 2至2.2mm　約100顆
③ 放射花紋亮片（HC123）銀色（#100）3mm　約180片
髮插　15齒（K511/S）銀色　1個

其他
串珠繡線（K4570）象牙白（#2）…a
歐根紗　白色　25cm正方形　1片
不織布　白色　長5×寬11cm　1片

繡線

【 A 】
25號繡線　535　1束
【 B 】
25號繡線　3864　1束
【 C 】
25號繡線　453　1束

圖A →參見 P.37

圖B →參見 P.36

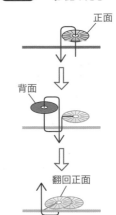
正面

背面

翻回正面

〔 作法 〕・ 實物大小圖案參見 P.80
❶ 參見【刺繡圖案】，以雙珠連續刺繡法〔參見圖A〕，沿輪廓線繡上①。
　（串珠繡線a　1股）
❷ 以雙珠連續刺繡法〔參見圖A〕繡上②。（串珠繡線a　1股）
❸ 依箭頭方向連續繡上③〔參見圖B〕。（串珠繡線：AB作品取b．C作品a　1股）
❹ 參見【線條刺繡的行進方向】，依箭頭方向進行緞面繡〔參見P.46〕。（25號繡線　4股）
❺ 完成收邊處埋後，安裝髮插〔參見P.44〕。

【刺繡圖案】

①特小六角串珠

③亮片　②3cut珍珠

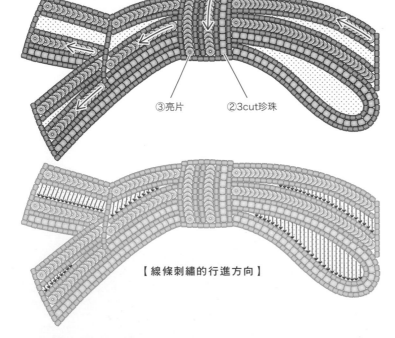

【 線條刺繡的行進方向 】

【髮插的安裝】

將髮插止縫固定在不織布上，再貼上刺繡主體
就完成了！

81

圓形花朵

胸針

成品欣賞：*P.*30
刺繡主體尺寸：直徑3.6cm

〔 材料 〕

{ A }

串珠‧五金配件類

① 古董珠（DB1831） Duracoat外銀著色　1.6mm　約180顆
② 施華洛世奇　黑色／琥珀色／深紫色／寶藍色／果綠色／水晶　3mm　各1顆
③ 放射花紋亮片（HC123）銀色（#100）3mm　60片
④ 穿線亮片（HC114）銀色（#100）圓平4mm　18片
⑤ 壓克力水鑽（K5464）寶藍色（#68）6mm　1顆
⑥ 丸特小玻璃珠（H6448）Duracoat外銀著色（#4201）1.5mm　18顆
⑦ 金屬色珍珠（K318）銀色　2mm　約65顆
胸針五金（K558/S）銀色　1個
爪座　銀色　3mm用　6個

其他

串珠繡線（K4570）象牙白（#2）
歐根紗　白色　25cm正方形　1片
不織布　白色　5cm正方形　1片

{ B }

串珠‧五金配件類

① 古董珠（DB1832）金色　1.6mm　約180顆
② 施華洛世奇　古典玫瑰色／淺咖啡色／淡藍色／深灰色／果綠色／水晶　3mm　各1顆
③ 放射花紋亮片（HC123）金色（#101）3mm　60片
④ 穿線亮片（HC114）亮金色（#101L）圓平4mm　18片
⑤ 壓克力水鑽（K5464）煙水晶色（#375）6mm　1顆
⑥ 丸特小玻璃珠（H6450）Duracoat外銀著色（#4203）1.5mm　18顆
⑦ 金屬色珍珠（K315）金色　2mm　約65顆
胸針五金（K558/G）金色　1個
爪座　金色　3mm用　6個

其他

串珠繡線（K4570）金色（#5）
歐根紗　白色　25cm正方形　1片
不織布　白色　5cm正方形　1片

〔 作法 〕

❶ 參見【刺繡圖案】，沿指定的圓圈線（━），以①進行單珠連續刺繡〔參見圖A〕。（串珠繡線　2股）
❷ 將②放進爪座裡，摺彎爪扣〔參見P.47〕進行固定後，止縫2次〔參見圖B〕。（串珠繡線　2股）
❸ 在②的周圍，連續繡上③〔參見P.36〕。（串珠繡線　1股）
❹ 在步驟❶的串珠內側，連續繡上④〔參見P.36〕。（串珠繡線　1股）
❺ 在中央止縫固定⑤（串珠繡線　2股）
❻ 依⑥3顆、⑦1顆的順序，穿線進行組合繡〔參見圖C〕。（串珠繡線　2股）
❼ 在步驟❸外側，以①進行單珠連續刺繡〔參見圖A〕。（串珠繡線　2股）
❽ 在步驟❼外側，以⑦進行單珠連續刺繡〔參見圖A〕。（串珠繡線　2股）
❾ 在步驟❽外側，以①進行單珠連續刺繡〔參見圖A〕。（串珠繡線　2股）
❿ 完成收邊處理後，安裝上胸針五金〔參見P.44〕。

實物大圖案

■圖A■ → 參見 P.37

【 刺繡圖案 】

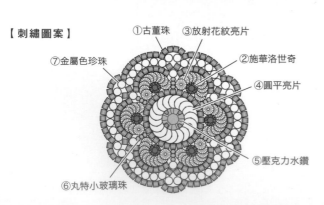

①古董珠　③放射花紋亮片
⑦金屬色珍珠
②施華洛世奇
④圓平亮片
⑤壓克力水鑽
⑥丸特小玻璃珠

■圖B■ → 參見 P.41

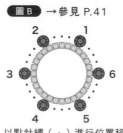

以點針繡（‧）進行位置移動，依1至6的順序止縫固定。

■圖C■

⑦金屬色珍珠　⑥丸特小玻璃珠

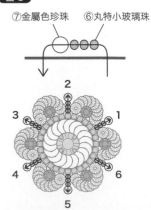

依箭頭方向繡上串珠。以點針繡進行位置移動，依1至6的順序止縫固定。

國家圖書館出版品預行編目(CIP)資料

高級訂製珠繡飾品の第一本手繡入門書 / BOUTIQUE-SHA授權
; 黃盈琪譯. -- 初版. -- 新北市：Elegant-Boutique新手作出版：
悅智文化事業有限公司發行, 2021.06
　面；　公分. -- (趣・手藝；106)
譯自：ぬい針で しむはじめてのオートクチュール刺しゅう
ISBN 978-957-9623-69-8(平裝)

1.刺繡 2.手工藝

426.2　　　　　　　　　　　　110008615

趣・手藝 **106**

高級訂製珠繡飾品の第一本手繡入門書

授　　　權／BOUTIQUE-SHA
譯　　者／黃盈琪
繡法諮詢／陳慧如老師（RUBY小姐）
發 行 人／詹慶和
執行編輯／陳姿伶
編　　輯／蔡毓玲・劉蕙寧・黃璟安
執行美編／陳麗娜
美術編輯／周盈汝・韓欣恬
出 版 者／Elegant-Boutique新手作
發 行 者／悅智文化事業有限公司
郵撥帳號／19452608
戶　　名／悅智文化事業有限公司
地　　址／新北市板橋區板新路206號3樓
網　　址／www.elegantbooks.com.tw
電子郵件／elegant.books@msa.hinet.net
電　　話／(02) 8952-4078
傳　　真／(02) 8952-4084

2021年6月初版一刷 定價380元

Lady Boutique Series　No.4598
NUIBARI DE TANOSHIMU HAJIMETE NO HAUTE COUTURE SHISHU
© 2018 Boutique-sha, Inc.
All rights reserved.
Original Japanese edition published in Japan by BOUTIQUE-SHA.
Chinese (in complex character) translation rights arranged with BOUTIQUE-SHA
through Keio Cultural Enterprise Co., Ltd., New Taipei City, Taiwan.

經銷／易可數位行銷股份有限公司
地址／新北市新店區寶橋路235巷6弄3號5樓
電話／(02)8911-0825
傳真／(02)8911-0801

STAFF 日本原書團隊

技法步驟編輯協助／柴垣千栄
書籍設計／池田香奈子
攝影／大野伸彦（封面・P1-30）スケガワケンイチ（P31-46）
設計師／オコナーマキコ
繪圖／仲田美香
校對／安彦友美
編輯／向山春香

Broderie
Haute Couture